Temperaturausgleich in einfachen Körpern

Ebene Platte, Zylinder, Kugel, halbunendlicher Körper

Von

Dr.-Ing. Ulrich Grigull
o. Professor für Technische Thermodynamik
an der Technischen Hochschule München

Mit 9 Abbildungen
und 11 Tafeln in einer Tasche

Springer-Verlag
Berlin / Göttingen / Heidelberg
1964

Library of Congress Catalog Card Number: 64-15144

ISBN 978-3-540-03136-9 ISBN 978-3-642-88379-8 (eBook)
DOI 10.1007/978-3-642-88379-8

Vorwort

Dieses Buch enthält vollständig neu berechnete Tafeln, Abbildungen und Zahlentafeln der nichtstationären eindimensionalen Wärmeleitung ohne innere Wärmequellen in der ebenen Platte, dem Zylinder, der Kugel und dem halbunendlichen Körper. Die anfängliche Temperaturverteilung ist gleichförmig angenommen, an den Oberflächen wird Wärme bei konstanter Umgebungstemperatur und konstantem Wärmeübergangskoeffizienten übertragen. Auch die Stoffgrößen sollen konstant sein.

Diese Lösungen der FOURIERschen Differentialgleichung lassen sich überwiegend nur als unendliche Reihen darstellen, deren numerische Berechnung mühsam ist, wenn man von Hand rechnen muß. Da die bisher bekannt gewordenen Ergebnisse untereinander nicht völlig übereinstimmten, schien es zweckmäßig, diese Grundprobleme der nichtstationären Wärmeleitung erneut mittels elektronischer Rechenautomaten zu berechnen. Die Ergebnisse dieser Berechnung für die Temperaturen der Oberflächen und der Mitten sowie der übertragenen Wärmemengen sind in diesem Buche unter Benützung der für das betreffende Problem maßgebenden Kenngrößen zusammengestellt.

In gewissen Bereichen der Kenngrößen genügt es oft, nur den ersten Term der Reihen zu verwenden, so daß man geschlossene, bequem zu handhabende Ausdrücke erhält. Aber es war bisher nicht genau bekannt, welcher Fehler dadurch entsteht. Diese Fehlerberechnung ist in den nachfolgenden Abbildungen wiedergegeben. Es zeigt sich, daß der Bereich kleiner Fehler, die in vielen Fällen in Kauf genommen werden können, weiter reicht als bisher angenommen. Das dürfte gerade für die Berechnung von Aufheiz- und Abkühlvorgängen in der Praxis von Bedeutung sein. Die notwendigen Konstanten sind ebenfalls in diesem Buche angegeben.

Im Bereich sehr kleiner Zeiten nach einer sprunghaften Temperaturänderung versagt jede Berechnung mittels Reihen. Man kann aber jeden Körper endlicher Abmessungen als halbunendlichen Körper ansehen, solange die thermische Einwirkung wesentlich auf den Oberflächenbereich beschränkt bleibt. Daher sind in diesem Buche auch die Lösungen für den halbunendlichen Körper mitgeteilt und mit jenen für die Körper endlicher Abmessungen verglichen.

Die Lösungen für die vier „einfachen" Körper lassen sich für sehr viel mehr Fälle anwenden, als es auf den ersten Blick scheint. Häufig kann man die Wärmeleitung in komplizierten Körpern mit ausreichender Genauigkeit durch die in einfachen Körpern annähern. Da die FOURIERsche Differentialgleichung linear ist, lassen sich durch Kombination verschiedener Anfangs- und Randbedingungen ganze Familien neuer Lösungen aufstellen, darunter auch solche für zwei- und dreidimensionale Probleme. Damit diese Möglichkeiten für die Berechnung praktischer Fälle nutzbar gemacht werden können, müssen die einfachen Lösungen in genügender Genauigkeit vorliegen und bequem zugänglich sein. Diesem Zwecke soll das vorliegende Buch dienen, in dem besonderer Wert auf übersichtliche Darstellung und einheitliche Bezeichnungsweise nach dem heutigen Stand der Normung gelegt wurde.

Die hier mitgeteilten Zahlenwerte wurden auf den Digitalrechnern IBM 650, Zuse Z22 und Siemens 2002 berechnet. An der Programmierung waren die Herren Dr. W. Lode, Dr. H. K. Dettmar und Ing. E. Marre, sämtlich Leverkusen, sowie meine Mitarbeiter, die Herren Dr. F. Mayinger und Dipl.-Ing. H. Tratz, beteiligt. Herr cand. ing. J. Bach besorgte die Zeichenarbeit. Der Verfasser dankt allen Genannten für ihre Unterstützung, ferner den Farbenfabriken Bayer, Leverkusen, und den Siemens-Schuckertwerken, Erlangen, für die zur Verfügung gestellte Rechenzeit.

München, im Dezember 1963

U. Grigull

Inhaltsübersicht

Verzeichnis der Tafeln

Formelzeichen

a	Temperaturleitfähigkeit, $a = \lambda/(c_p\, \varrho)$
c_p	spezifische Wärmekapazität bei konstantem Druck
C_m, C_w, C_q	Konstanten
E	Konstante
Q	in der Zeit t übergegangene Wärmemenge
Q_c	Enthalpie zur Zeit $t = 0$, bezogen auf Umgebungstemperatur
r	radiale Koordinate
R	Radius
t	Zeit
T_∞	Umgebungstemperatur
x	Wandabstand
X	halbe Plattendicke
α	Wärmeübergangskoeffizient
δ, μ, ν	Eigenwerte
Δ	relativer Fehler
ϑ	Temperaturdifferenz zur Umgebungstemperatur
ϑ_c	konstante Anfangstemperatur
ϑ_m	Temperatur in der Mitte
ϑ_w	Wandtemperatur
λ	Wärmeleitfähigkeit
ϱ	Dichte

$Bi = \alpha\, X/\lambda$; $\alpha\, x/\lambda$; $\alpha\, R/\lambda$ BIOT-Zahl[1]

$Fo = a\, t/X^2$; $a\, t/x^2$; $a\, t/R^2$ FOURIER-Zahl

---

[1] Bedeutet in dem Quotienten $\alpha\, X/\lambda$ das Zeichen λ die Wärmeleitfähigkeit des strömenden Mediums, so ist die Abkürzung Nu (NUSSELT-Zahl) üblich (vgl. [6]). Dieser Fall liegt hier nicht vor.

Einleitung

Numerische Lösungen für die nichtstationäre eindimensionale Wärmeleitung mit der Randbedingung dritter Art scheinen erstmals von GRÖBER [1, 2] sowie von GURNEY und LURIE [3] veröffentlicht worden zu sein. Die Werte von GRÖBER wurden später durch BACHMANN [4] erweitert. In der amerikanischen Literatur werden meist die Werte von HEISLER [5] verwendet. Die genannten Ergebnisse wurden durch Handrechnung oder mit Hilfe elektrischer Analogieverfahren erhalten. Da es sich um Elementarprobleme der nichtstationären Wärmeleitung handelt, schien eine Neuberechnung mittels elektrischer Rechenautomaten sinnvoll, zumal die bisherigen Ergebnisse untereinander nicht vollständig übereinstimmten.

Es handelt sich um Lösungen der Differentialgleichung

$$\frac{\partial \vartheta}{\partial t} = a \Delta \vartheta, \tag{1}$$

in der Δ den LAPLACEschen Differentialoperator bedeutet, mit der Anfangsbedingung

$$\vartheta = \vartheta_e \quad \text{für} \quad t = 0 \tag{2}$$

und der Randbedingung

$$-\lambda \left(\frac{\partial \vartheta}{\partial x} \right)_w = \alpha\, \vartheta_w, \tag{3}$$

wenn x die Längenkoordinate bedeutet und der Index w für die Wand gilt. Die Größen a, α, λ und die Umgebungstemperatur sind konstant angenommen. Die nachfolgenden Berechnungen beziehen sich auf die ebene Platte, den Zylinder, die Kugel und den halbunendlichen Körper.

Ebene Platte

Die Lösung von Gl. (1) für die ebene Platte der Dicke $2X$ mit beidseitigem Wärmeübergang [6] lautet

$$\frac{\vartheta}{\vartheta_e} = \sum_{k=1}^{k=\infty} \frac{2 \sin \delta_k}{\delta_k + \sin \delta_k \cos \delta_k} \exp(-\delta_k^2 Fo) \cos(\delta_k\, x/X). \tag{4}$$

In dieser Gleichung zählt die Längenkoordinate x von der Mittelebene aus, die FOURIER-Zahl ist durch $Fo = a\, t/X^2$ definiert, und die Eigenwerte δ_k sind die Lösungen der transzendenten Gleichung

$$\cot \delta = \delta / Bi \tag{5}$$

und sind damit Funktionen allein von $Bi = \alpha\, X/\lambda$, der Kenngröße des Wärmeübergangs. Man kann daher Gl. (4) in der allgemeinen Form

$$\frac{\vartheta}{\vartheta_e} = f(Fo,\, Bi,\, x/X) \tag{6}$$

schreiben, die man auch aus den Gln. (1) bis (3) unmittelbar durch Ähnlichkeitsbetrachtungen hätte erhalten können. Die Temperatur der Mittelebene ϑ_m erhält man aus Gl. (4) mit $x = 0$:

$$\frac{\vartheta_m}{\vartheta_e} = \sum_{k=1}^{k=\infty} \frac{2\sin\delta_k}{\delta_k + \sin\delta_k\cos\delta_k} \exp(-\delta_k^2 Fo) = f(Fo, Bi) \tag{7}$$

und die Wandtemperatur ϑ_w mit $x = X$:

$$\frac{\vartheta_w}{\vartheta_e} = \sum_{k=1}^{k=\infty} \frac{2\sin\delta_k}{\delta_k + \sin\delta_k\cos\delta_k} \exp(-\delta_k^2 Fo)\cos\delta_k = f(Fo, Bi). \tag{8}$$

Die in der Zeit t zwischen Platte und Umgebung übertragene Wärmemenge Q erhält man aus der Gleichung

$$\frac{Q}{Q_e} = \sum_{k=1}^{k=\infty} \frac{2\sin^2\delta_k}{\delta_k^2 + \delta_k\sin\delta_k\cos\delta_k} [1 - \exp(-\delta_k^2 Fo)] = f(Fo, Bi), \tag{9}$$

in der Q_e die Enthalpie der Platte zur Zeit $t = 0$, bezogen auf die Umgebungstemperatur, bedeutet.

Die Gln. (7) bis (9) wurden mittels des Digitalrechners Siemens 2002 mit 8 Gliedern der Reihen ($k = 8$) für 44 Werte der FOURIER-Zahl berechnet, und zwar bei jeweils festgehaltenem Parameter Bi, für den 40 Werte gewählt wurden. Der Wert $Bi = \infty$ entspricht der konstanten Wandtemperatur ϑ_w, also der Randbedingung erster Art. Für jeden Wert Bi wurde entweder mit allen 44 Fo-Werten gerechnet oder die Rechnung dann abgebrochen, wenn die Summe der 3 Werte

$$\frac{\vartheta_m}{\vartheta_e} + \frac{\vartheta_w}{\vartheta_e} + \left(1 - \frac{Q}{Q_e}\right) < 10^{-3}$$

geworden war, weil kleinere Werte in technischen Fällen nicht mehr interessant sind. Die Ergebnisse dieser Rechnung sind in den Tafeln 1 bis 3 in halblogarithmischer Darstellung über Fo mit dem Parameter $1/Bi$ und wechselndem Abszissenmaßstab aufgetragen. Eine ähnliche Form wählte auch HEISLER [5] für einen Teil seiner Diagramme. Die zur Berechnung notwendigen 8 Eigenwerte δ_k wurden nach Gl. (5) durch Iteration nach dem NEWTONschen Näherungsverfahren berechnet; die Iteration wurde abgebrochen, wenn die Verbesserung durch den nächsten Schritt kleiner als 10^{-6} wurde. Das Ergebnis ist in Zahlentafel 1 zusammengestellt.

Zahlentafel 1. *Lösungen der Gleichung* $\cot\delta = \delta/Bi$

$1/Bi$	δ_1	δ_2	δ_3	δ_4	δ_5	δ_6	δ_7	δ_8
0	1,570796	4,712389	7,853982	10,99557	14,13717	17,27876	20,42035	23,56195
0,1	1,428870	4,305801	7,228110	10,20026	13,21419	16,25936	19,32703	22,41085
0,2	1,313838	4,033568	6,909596	9,892753	12,93522	16,01066	19,10552	22,21256
0,5	1,076874	3,643597	6,578334	9,629561	12,72230	15,83361	18,95468	22,08148
0,8	0,930757	3,485897	6,473921	9,554863	12,66475	15,78698	18,91554	22,04778
1	0,860334	3,425618	6,437298	9,529335	12,64529	15,77129	18,90241	22,03650
2	0,653271	3,292310	6,361620	9,477486	12,60601	15,73972	18,87604	22,01386
5	0,432841	3,203935	6,314846	9,445949	12,58227	15,72069	18,86016	22,00024
8	0,346354	3,180870	6,303015	9,438022	12,57631	15,71592	18,85619	21,99683
10	0,311053	3,173097	6,299059	9,435377	12,57432	15,71433	18,85486	21,99570
20	0,221760	3,157427	6,291133	9,430081	12,57035	15,71115	18,85221	21,99342
50	0,140952	3,147946	6,286367	9,426900	12,56796	15,70924	18,85062	21,99206
80	0,111571	3,145567	6,285174	9,426105	12,56737	15,70876	18,85022	21,99172
100	0,099834	3,144773	6,284776	9,425840	12,56717	15,70860	18,85009	21,99160

Die Kurven in Tafel 1 bis 3 verlaufen größtenteils fast geradlinig. Das bedeutet, daß der erste Term der Reihe in Gl. (7), (8) oder (9) für den Kurvenverlauf bestimmend ist. Um diese Erscheinung bei praktischen Rechnungen ausnutzen zu können, muß man

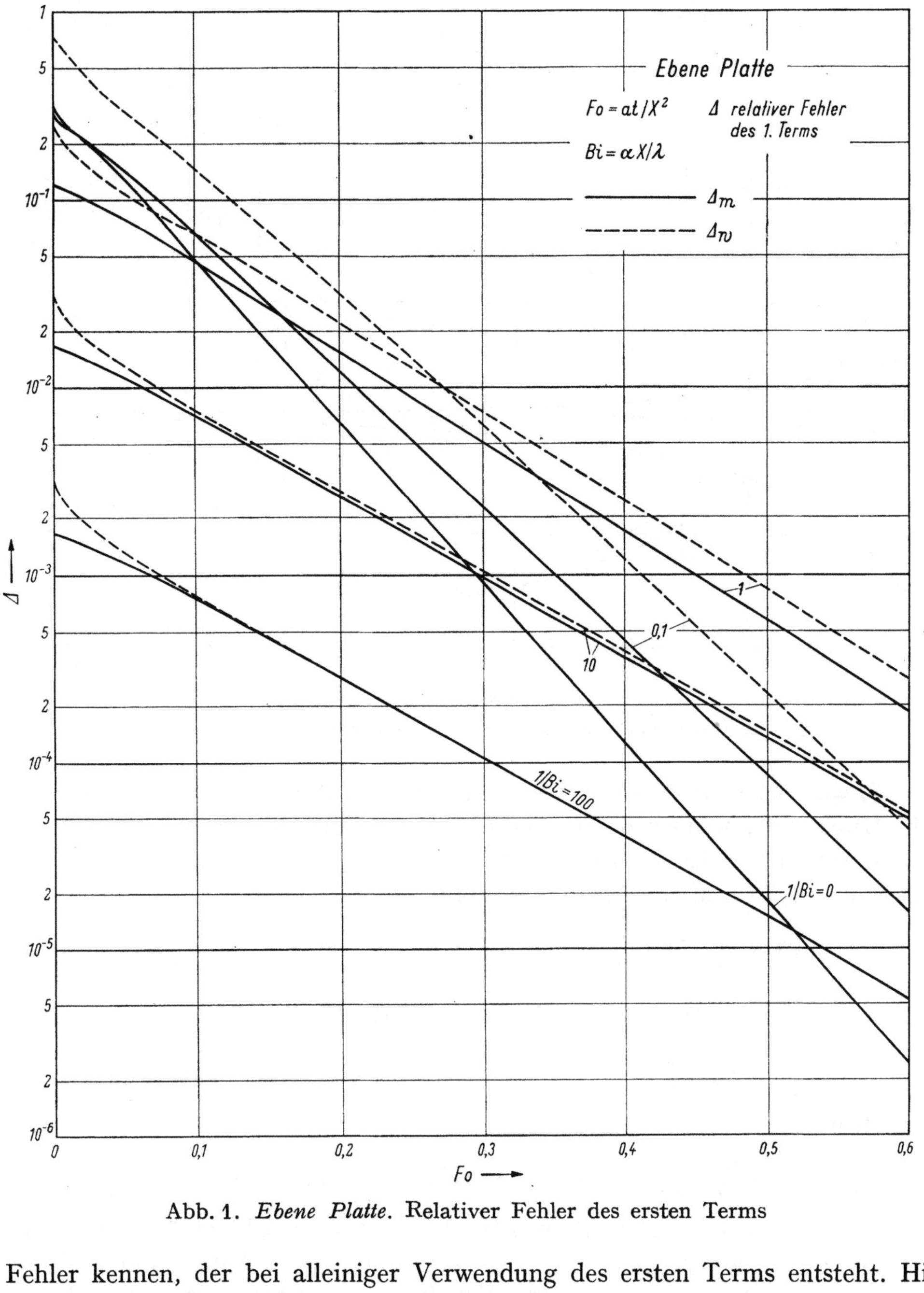

Abb. 1. *Ebene Platte*. Relativer Fehler des ersten Terms

den Fehler kennen, der bei alleiniger Verwendung des ersten Terms entsteht. Hierzu wurde bei allen gerechneten Werten der Quotient aus dem ersten Term ϑ_I und der Summe der 8 Glieder $\Sigma\,\vartheta$ gebildet. Der Ausdruck

$$\Delta = \frac{\vartheta_I}{\Sigma\,\vartheta} - 1 \qquad (10)$$

stellt den Betrag des relativen Fehlers dar. Für Mittel- und Wandtemperatur unterscheiden wir Δ_m und Δ_w, die in Abb. 1 über Fo mit $1/Bi$ als Parameter aufgetragen sind.

Man erkennt, daß bei schwacher Heizung oder Kühlung (kleine Werte der BIOT-Zahl, z. B. $1/Bi = 100$) der relative Fehler Δ_m und Δ_w selbst für sehr kleine Werte der FOURIER-Zahl unter 1% bleiben. Naturgemäß darf dieses Diagramm nicht bis $Fo = 0$ benutzt werden, da dort auch mit wesentlich mehr als 8 Gliedern keine befriedigende Übereinstimmung mit der Wirklichkeit erzielt werden kann. Für sehr intensiven Wärmeübergang

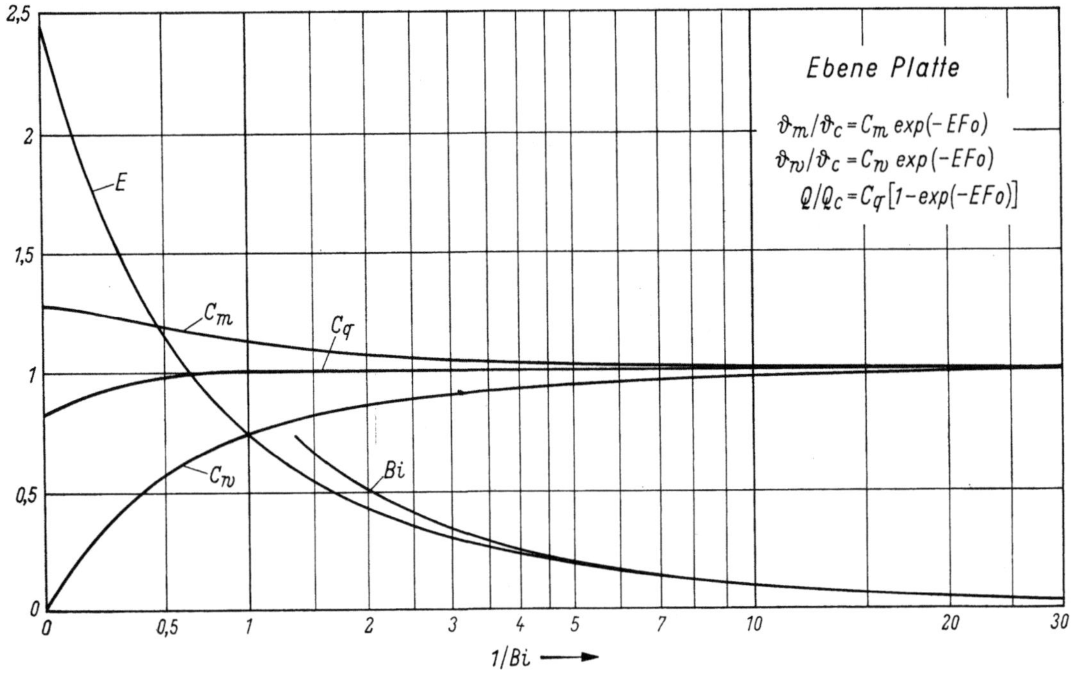

Abb. 2. *Ebene Platte.* Konstanten bei Benutzung des ersten Terms

($1/Bi = 0$) wird der relative Fehler von Δ_m für $Fo > 0{,}18$ kleiner als 1%. Demnach gibt es weite Bereiche der Kenngrößen Fo und Bi, in denen man bei einem erträglichen Fehler allein mit dem ersten Term rechnen kann.

Aus Gln. (7), (8) und (9) erhält man dafür:

$$\frac{\vartheta_m}{\vartheta_c} = \frac{2\sin\delta_1}{\delta_1 + \sin\delta_1\cos\delta_1}\exp(-\delta_1^2 Fo) = C_m \exp(-E\,Fo), \tag{11}$$

$$\frac{\vartheta_w}{\vartheta_c} = C_m \cos\delta_1 \exp(-E\,Fo) = C_w \exp(-E\,Fo), \tag{12}$$

$$\frac{Q}{Q_c} = C_m \frac{\sin\delta_1}{\delta_1}[1 - \exp(-E\,Fo)] = C_q[1 - \exp(-E\,Fo)] \tag{13}$$

mit den Konstanten

$$C_m = \frac{2\sin\delta_1}{\delta_1 + \sin\delta_1\cos\delta_1}; \qquad E = \delta_1^2; \qquad C_w = C_m\cos\delta_1; \qquad C_q = C_m\frac{\sin\delta_1}{\delta_1}.$$

Diese Konstanten sind reine Funktionen von Bi; sie sind in Zahlentafel 2 und in Abb. 2[1] wiedergegeben. Ihr Verlauf entspricht den Voraussagen von Abb. 1. Für große ($1/Bi$)-Werte nähern sich C_m, C_w und C_q dem Wert Eins und zeigen damit an, daß der erste Term überwiegt, da auch

$$\sum_{k=1}^{k=\infty} \frac{2\sin\delta_k}{\delta_k + \sin\delta_k\cos\delta_k} = 1$$

[1] In Abb. 2, 4 und 6 ist $\log[(1/Bi) + 1]$ als Abszisse gewählt, die aber mit den Werten $1/Bi$ beschriftet ist. Auf diese Weise konnte der Wert $(1/Bi) = 0$ dargestellt werden.

ist, was man z. B. aus Gl. (7) für $Fo \to 0$ ablesen kann. Der Grenzwert der Konstanten E in der Exponentialfunktion der Gln. (11) bis (13) für große $(1/Bi)$-Werte beträgt $E = \delta_1^2 = Bi$, da man für kleine δ-Werte in Gl. (5) $\cot\delta \approx 1/\delta$ schreiben kann. Aus Zahlentafel 2 und

Zahlentafel 2. *Ebene Platte. Konstanten bei Benutzung des ersten Terms*

$1/Bi$	C_m	E	C_w	C_q	$1/Bi$	C_m	E	C_w	C_q
0	1,2732	2,4674	0,0000	0,8106	5,0	1,0311	0,1874	0,9360	0,9992
0,1	1,2620	2,0417	0,1785	0,8743	8,0	1,0199	0,1200	0,9594	0,9997
0,2	1,2402	1,7262	0,3152	0,9130	10,0	1,0161	0,0968	0,9673	0,9998
0,5	1,1784	1,1560	0,5587	0,9635	20	1,0082	0,0492	0,9835	0,9999
0,8	1,1379	0,8663	0,6796	0,9806	50	1,0033	0,0199	0,9934	1,0000
1,0	1,1191	0,7402	0,7299	0,9861	80	1,0021	0,0124	0,9958	1,0000
2,0	1,0701	0,4268	0,8498	0,9947	100	1,0017	0,0100	0,9967	1,0000

Abb. 2 kann man abschätzen, wie weit diese Näherung brauchbar ist. Mit $Bi\,Fo = \alpha t/(X c \varrho)$ erhält man für große Fo-Werte und kleine Bi-Werte die einfachen Gleichungen:

$$\frac{\vartheta_m}{\vartheta_e} = C_m \exp\left(-\frac{\alpha t}{X c \varrho}\right), \tag{14}$$

$$\frac{\vartheta_w}{\vartheta_e} = C_w \exp\left(-\frac{\alpha t}{X c \varrho}\right), \tag{15}$$

$$\frac{Q}{Q_e} = C_q\left[1 - \exp\left(-\frac{\alpha t}{X c \varrho}\right)\right]. \tag{16}$$

Diese Näherungsgleichungen gehen schließlich für $C_m = C_w = C_q = 1$ in jene über, die man mit $\lambda \to \infty$ bei gleichförmiger Abkühlung (oder für den ideal gerührten Kessel) erhält.

Zylinder

Die Lösung von Gl. (1) für den Zylinder [6] mit dem Radius R lautet:

$$\frac{\vartheta}{\vartheta_e} = \sum_{k=1}^{k=\infty} \frac{2 J_1(\mu_k)}{\mu_k[J_0^2(\mu_k) + J_1^2(\mu_k)]} \exp(-\mu_k^2 Fo)\, J_0\left(\mu_k \frac{r}{R}\right). \tag{17}$$

Hierin bedeuten J_0 und J_1 die BESSEL-Funktionen nullter und erster Ordnung, r ist die von der Achse gezählte radiale Koordinate, die FOURIER-Zahl ist durch $Fo = a\,t/R^2$ definiert, und die Eigenwerte μ_k sind die Lösungen der transzendenten Gleichung

$$\mu\, J_1(\mu) = J_0(\mu)\, Bi \tag{18}$$

und sind damit Funktionen von $Bi = \alpha R/\lambda$. Die Temperatur der Zylinderachse ϑ_m erhält man aus Gl. (17) mit $r = 0$:

$$\frac{\vartheta_m}{\vartheta_e} = \sum_{k=1}^{k=\infty} \frac{2 J_1(\mu_k)}{\mu_k[J_0^2(\mu_k) + J_1^2(\mu_k)]} \exp(-\mu_k^2 Fo) \tag{19}$$

und die Wandtemperatur ϑ_w mit $r = R$:

$$\frac{\vartheta_w}{\vartheta_e} = \sum_{k=1}^{k=\infty} \frac{2 J_1(\mu_k)}{\mu_k[J_0^2(\mu_k) + J_1^2(\mu_k)]} \exp(-\mu_k^2 Fo)\, J_0(\mu_k). \tag{20}$$

Die in der Zeit t zwischen Zylinder und Umgebung übertragene Wärmemenge Q erhält man aus der Gleichung

$$\frac{Q}{Q_e} = \sum_{k=1}^{k=\infty} \frac{4 J_1^2(\mu_k)}{\mu_k^2[J_0^2(\mu_k) + J_1^2(\mu_k)]} [1 - \exp(-\mu_k^2 Fo)], \tag{21}$$

in der Q_c die Anfangsenthalpie des Zylinders, bezogen auf Umgebungstemperatur, bedeutet.

Die Gln. (19) bis (21) wurden mittels des Digitalrechners IBM 650 mit 5 Gliedern der Reihen ($k = 5$) für 44 Fo-Werte und 40 Bi-Werte berechnet. Die Rechnung wurde für einen bestimmten Bi-Wert abgebrochen, sobald mit steigender FOURIER-Zahl

$$\frac{\vartheta_m}{\vartheta_c} + \frac{\vartheta_w}{\vartheta_c} + \left(1 - \frac{Q}{Q_c}\right) < 10^{-4}$$

erreicht wurde. Im Bereich kleiner Fo-Werte wurde später eine Kontrollrechnung mit 8 Gliedern ($k = 8$) durchgeführt. Die Ergebnisse dieser Rechnungen sind in Tafel 4 bis 6 wiedergegeben. Die 5 Eigenwerte μ_k wurden nach Gl. (18) durch Iteration nach dem NEWTONschen Näherungsverfahren auf sechs gültige Ziffern berechnet. Das Ergebnis ist in Zahlentafel 3 zusammengestellt. Bei allen gerechneten ϑ-Werten wurde der Quotient

Zahlentafel 3. *Lösungen der Gleichung* $\mu\, J_1(\mu) = Bi\, J_0(\mu)$

$1/Bi$	μ_1	μ_2	μ_3	μ_4	μ_5
0	2,404826	5,520078	8,653728	11,79153	14,93092
0,1	2,179497	5,033212	7,956884	10,93633	13,95803
0,2	1,989815	4,713142	7,617708	10,62230	13,67856
0,5	1,599449	4,290959	7,288389	10,36583	13,47188
0,8	1,365882	4,136084	7,189814	10,29501	13,41691
1,0	1,255784	4,079478	7,155799	10,27099	13,39840
2	0,940771	3,959371	7,086381	10,22246	13,36115
5	0,616975	3,883506	7,044029	10,19311	13,33869
8	0,492290	3,864180	7,033380	10,18575	13,33307
10	0,441682	3,857710	7,029825	10,18329	13,33120
20	0,314262	3,844732	7,022710	10,17838	13,32744
50	0,199501	3,836922	7,018437	10,17543	13,32519
80	0,157867	3,834967	7,017368	10,17470	13,32463
100	0,141245	3,834315	7,017012	10,17445	13,32444

aus dem ersten Term und der Summe der 5 Glieder und daraus die relativen Fehler Δ_m und Δ_w gebildet, die in Abb. 3 über Fo mit $1/Bi$ als Parameter aufgetragen sind. Hieraus können jene Bereiche entnommen werden, in denen man allein mit dem ersten Term rechnen kann, ohne einen zulässigen Fehler zu überschreiten.

Bei Benutzung allein des ersten Terms gelten die Gleichungen:

$$\frac{\vartheta_m}{\vartheta_c} = \frac{2 J_1(\mu_1)}{\mu_1 [J_0^2(\mu_1) + J_1^2(\mu_1)]} \exp(-\mu_1^2 Fo) = C_m \exp(-E\, Fo), \tag{22}$$

$$\frac{\vartheta_w}{\vartheta_c} = C_m J_0(\mu_1) \exp(-E\, Fo) = C_w \exp(-E\, Fo), \tag{23}$$

$$\frac{Q}{Q_c} = C_m \frac{2 J_1(\mu_1)}{\mu_1} [1 - \exp(-E\, Fo)] = C_q [1 - \exp(-E\, Fo)] \tag{24}$$

mit den Konstanten

$$C_m = \frac{2 J_1(\mu_1)}{\mu_1 [J_0^2(\mu_1) + J_1^2(\mu_1)]}; \quad E = \mu_1^2; \quad C_w = C_m J_0(\mu_1); \quad C_q = C_m \frac{2 J_1(\mu_1)}{\mu_1}.$$

Diese Konstanten sind in Zahlentafel 4 und Abb. 4 als Funktionen von $1/Bi$ zusammengestellt. Der Grenzwert von E für große $(1/Bi)$-Werte ist $E = \mu_1^2 = 2 Bi$, da man für kleine μ-Werte in Gl. (18) $J_0 \approx 1$ und $J_1 \approx \mu/2$ setzen kann; dieser Grenzwert ist in Abb. 4 eingetragen. Über weitere Näherungen für sehr große $(1/Bi)$-Werte gilt das für die ebene Platte Gesagte.

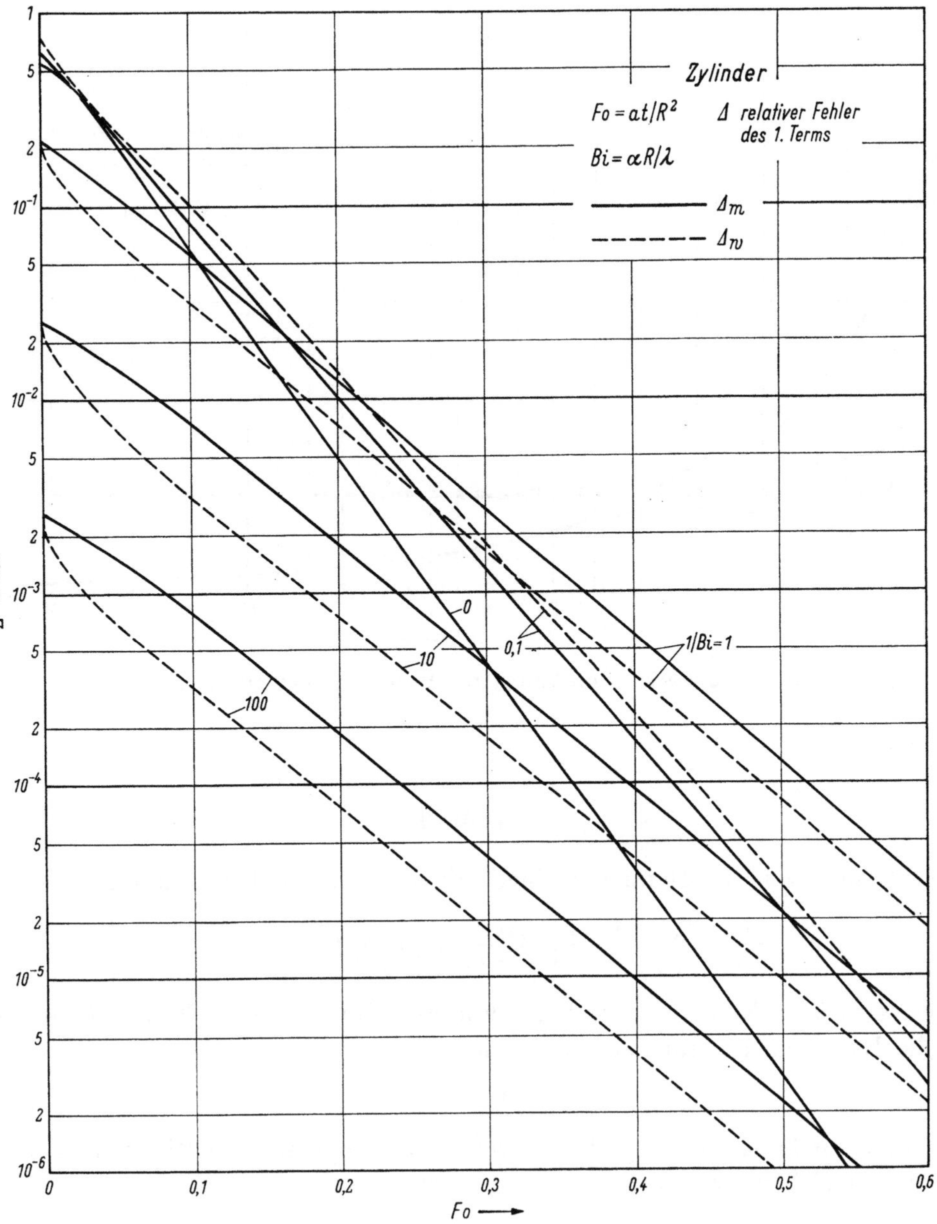

Abb. 3. *Zylinder*. Relativer Fehler des ersten Terms

Zahlentafel 4. *Zylinder. Konstanten bei Benutzung des ersten Terms*

$1/Bi$	C_m	E	C_w	C_q	$1/Bi$	C_m	E	C_w	C_q
0	1,6020	5,7840	0,0000	0,6916	5	1,0482	0,3795	0,9510	0,9992
0,1	1,5678	4,7524	0,1905	0,8037	8	1,0306	0,2421	0,9691	0,9997
0,2	1,5029	3,9601	0,3452	0,8721	10	1,0245	0,1945	0,9753	0,9998
0,5	1,3386	2,5600	0,6096	0,9536	20	1,0124	0,0986	0,9876	0,9999
0,8	1,2461	1,8656	0,7293	0,9772	50	1,0050	0,0396	0,9950	1,0000
1,0	1,2068	1,5750	0,7764	0,9843	80	1,0031	0,0246	0,9969	1,0000
2,0	1,1141	0,8836	0,8812	0,9955	100	1,0025	0,0199	0,9975	1,0000

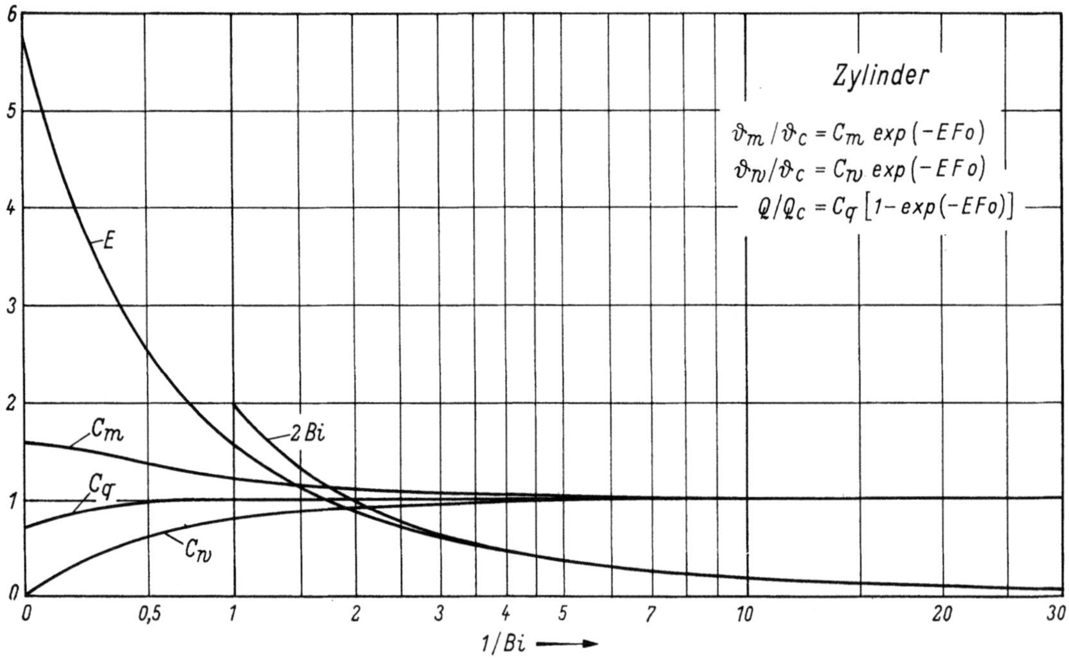

Abb. 4. *Zylinder*. Konstanten bei Benutzung des ersten Terms

Kugel

Die Lösung von Gl. (1) für die Kugel [6] mit dem Radius R lautet

$$\frac{\vartheta}{\vartheta_e} = \sum_{k=1}^{k=\infty} 2\,\frac{\sin\nu_k - \nu_k\cos\nu_k}{\nu_k - \sin\nu_k\cos\nu_k}\exp(-\nu_k^2 Fo)\,\frac{\sin(\nu_k r/R)}{\nu_k r/R} \tag{25}$$

mit r als radialer Koordinate und der FOURIER-Zahl $Fo = a\,t/R^2$. Die Eigenwerte ν_k sind die Lösungen der transzendenten Gleichung

$$\nu\cot\nu = 1 - Bi \tag{26}$$

und sind damit Funktionen von $Bi = \alpha R/\lambda$. Die Temperatur im Mittelpunkt ϑ_m erhält man aus Gl. (25) mit $r = 0$:

$$\frac{\vartheta_m}{\vartheta_e} = \sum_{k=1}^{k=\infty} 2\,\frac{\sin\nu_k - \nu_k\cos\nu_k}{\nu_k - \sin\nu_k\cos\nu_k}\exp(-\nu_k^2 Fo) \tag{27}$$

und die Wandtemperatur ϑ_w mit $r = R$:

$$\frac{\vartheta_w}{\vartheta_e} = \sum_{k=1}^{k=\infty} 2\,\frac{\sin\nu_k - \nu_k\cos\nu_k}{\nu_k - \sin\nu_k\cos\nu_k}\exp(-\nu_k^2 Fo)\,\frac{\sin\nu_k}{\nu_k}\,. \tag{28}$$

Die in der Zeit t zwischen Zylinder und Umgebung übertragene Wärmemenge Q erhält man aus der Gleichung

$$\frac{Q}{Q_e} = \sum_{k=1}^{k=\infty} \frac{6}{\nu_k^3}\,\frac{(\sin\nu_k - \nu_k\cos\nu_k)^2}{\nu_k - \sin\nu_k\cos\nu_k}\,[1 - \exp(-\nu_k^2 Fo)]\,. \tag{29}$$

Gln. (27) bis (29) wurden mittels des Digitalrechners Zuse Z 22 mit 5 Gliedern der Reihen ($k = 5$) für 44 Fo-Werte und 40 Bi-Werte berechnet. Die Rechnung wurde für einen bestimmten *Bi*-Wert abgebrochen, sobald mit steigender *Fo*-Zahl

$$\frac{\vartheta_m}{\vartheta_c} + \frac{\vartheta_w}{\vartheta_c} + \left(1 - \frac{Q}{Q_c}\right) < 10^{-4}$$

erreicht wurde. Im Bereich kleiner *Fo*-Werte wurde später eine Kontrollrechnung mit 8 Gliedern ($k = 8$) durchgeführt. Die Ergebnisse dieser Rechnungen sind in Tafel 7 bis 9 wiedergegeben. Die 5 Eigenwerte ν_k wurden durch Iteration nach dem NEWTONschen Näherungsverfahren auf sechs gültige Ziffern berechnet. Das Ergebnis ist in Zahlentafel 5 zusammengestellt.

Zahlentafel 5. *Lösungen der Gleichung* $\nu \cot \nu = 1 - Bi$

$1/Bi$	ν_1	ν_2	ν_3	ν_4	ν_5
0	3,141592	6,283184	9,424777	12,56637	15,70796
0,001	3,138451	6,276902	9,415353	12,55380	15,69226
0,1	2,836300	5,717249	8,658704	11,65321	14,68694
0,2	2,570431	5,354031	8,302929	11,33483	14,40797
0,5	2,028757	4,913180	7,978665	11,08554	14,20744
0,8	1,715507	4,764808	7,885674	11,01826	14,15483
1,0	1,570796	4,712388	7,853981	10,99557	14,13717
2	1,165561	4,604216	7,789883	10,94994	14,10173
5	0,759307	4,537888	7,751135	10,92246	14,08041
8	0,604780	4,521220	7,741431	10,91558	14,07508
10	0,542280	4,515660	7,738195	10,91329	14,07330
20	0,385368	4,504536	7,731724	10,90871	14,06975
50	0,244459	4,497860	7,727840	10,90596	14,06762
80	0,193407	4,496191	7,726869	10,90527	14,06708
100	0,173031	4,495634	7,726546	10,90504	14,06690

Bei allen gerechneten ϑ-Werten wurde der Quotient aus dem ersten Term und der Summe der 5 Glieder und daraus die relativen Fehler Δ_m und Δ_w gebildet, die in Abb. 5 über *Fo* mit $1/Bi$ als Parameter aufgetragen sind. Hieraus können jene Bereiche entnommen werden, in denen man allein mit dem ersten Term rechnen kann, ohne einen zulässigen Fehler zu überschreiten.

Bei Benutzung allein des ersten Terms gelten die Gleichungen:

$$\frac{\vartheta_m}{\vartheta_c} = 2\,\frac{\sin\nu_1 - \nu_1\cos\nu_1}{\nu_1 - \sin\nu_1\cos\nu_1}\exp(-\nu_1^2 Fo) = C_m \exp(-E\,Fo), \tag{30}$$

$$\frac{\vartheta_w}{\vartheta_c} = C_m\,\frac{\sin\nu_1}{\nu_1}\exp(-E\,Fo) = C_w \exp(-E\,Fo), \tag{31}$$

$$\frac{Q}{Q_c} = C_m\,\frac{3(\sin\nu_1 - \nu_1\cos\nu_1)}{\nu_1^3}\,[1 - \exp(-E\,Fo)] = C_q[1 - \exp(-E\,Fo)] \tag{32}$$

mit den Konstanten

$$C_m = 2\,\frac{\sin\nu_1 - \nu_1\cos\nu_1}{\nu_1 - \sin\nu_1\cos\nu_1}\,; \qquad E = \nu_1^2; \qquad C_w = C_m\,\frac{\sin\nu_1}{\nu_1}\,;$$

$$C_q = C_m\,\frac{3(\sin\nu_1 - \nu_1\cos\nu_1)}{\nu_1^3}\,.$$

Diese Konstanten sind in Zahlentafel 6 und Abb. 6 als Funktionen von $1/Bi$ zusammengestellt. Der Grenzwert von E für große $(1/Bi)$-Werte ist $E = \nu_1^2 = 3Bi$, da man für kleine ν-Werte in Gl. (26) $\cot\nu \approx (1/\nu) - (\nu/3)$ setzen kann; dieser Grenzwert ist in Abb. 6 eingetragen. Über weitere Näherungen für sehr große $(1/Bi)$-Werte gilt das für die ebene Platte Gesagte.

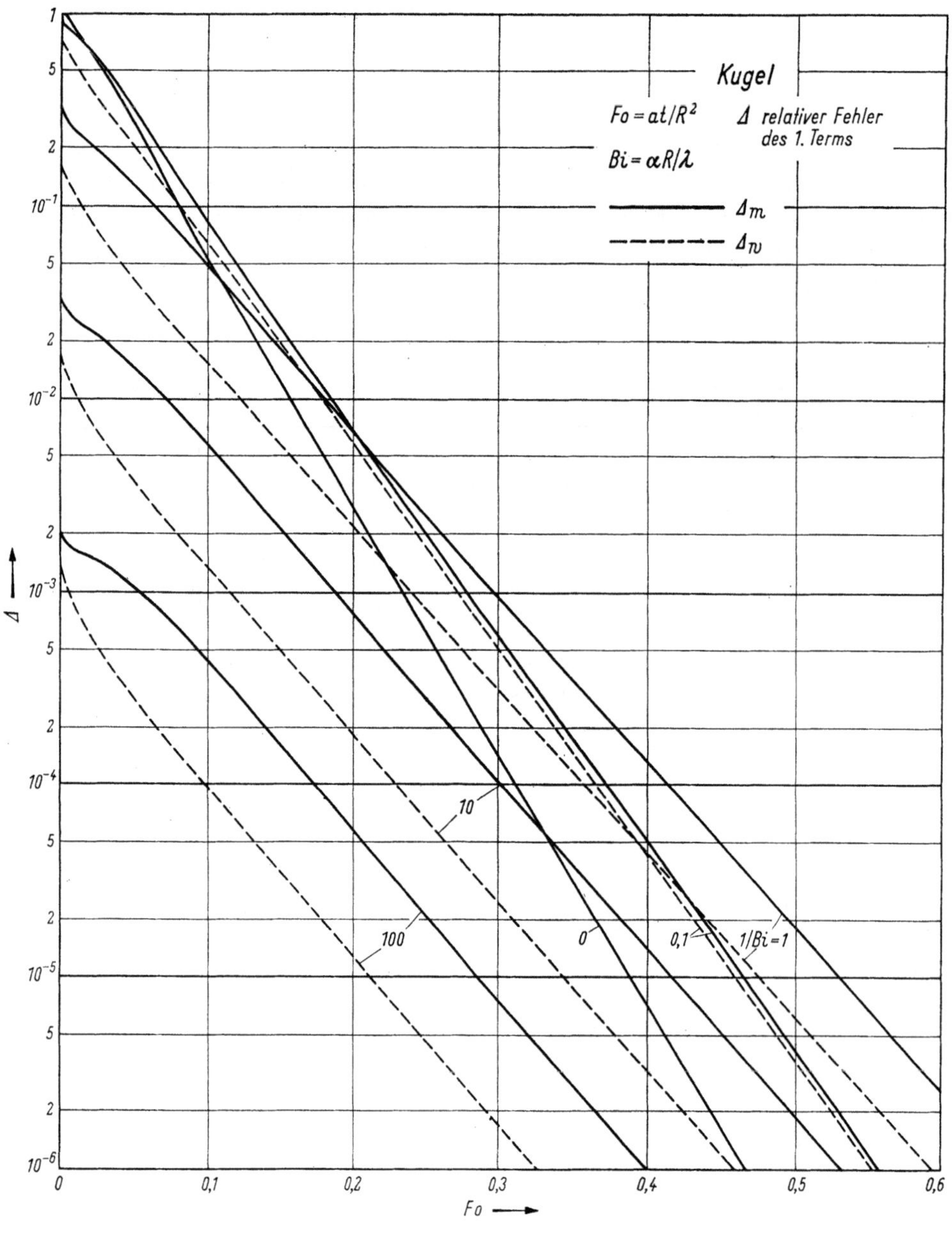

Abb. 5. *Kugel.* Relativer Fehler des ersten Terms

Zahlentafel 6. *Kugel. Konstanten bei Benutzung des ersten Terms*

$1/Bi$	C_m	E	C_w	C_q	$1/Bi$	C_m	E	C_w	C_q
0	2,0000	9,8696	0,0000	0,6079	5	1,0592	0,5765	0,9603	0,9993
0,1	1,9249	8,0446	0,2040	0,7607	8	1,0372	0,3658	0,9751	0,9997
0,2	1,7870	6,6071	0,3758	0,8533	10	1,0298	0,2941	0,9801	0,9998
0,5	1,4793	4,1158	0,6540	0,9534	20	1,0150	0,1485	0,9900	1,0000
0,8	1,3313	2,9430	0,7679	0,9785	50	1,0060	0,0598	0,9960	1,0000
1,0	1,2732	2,4674	0,8106	0,9855	80	1,0037	0,0374	0,9975	1,0000
2	1,1441	1,3585	0,9021	0,9960	100	1,0030	0,0299	0,9980	1,0000

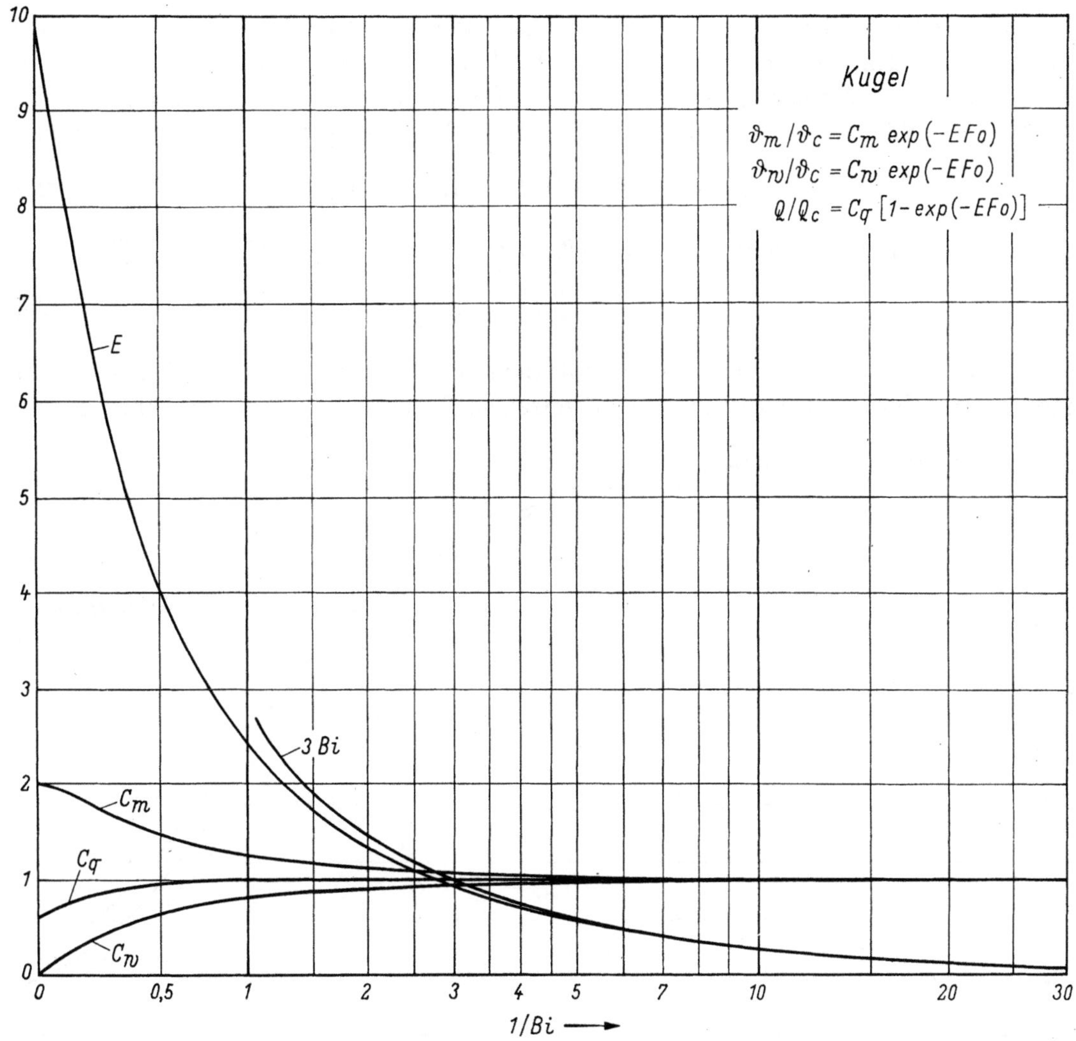

Abb. 6. *Kugel.* Konstanten bei Benutzung des ersten Terms

Halbunendlicher Körper

Für sehr kleine *Fo*-Werte erhält man nach der Methode der FOURIER-Reihen, wie sie bei Platte, Zylinder und Kugel angewandt wurde, keine befriedigenden Ergebnisse. Man kann aber für sehr kurze Zeiten auch Körper endlicher Abmessungen als halbunendlich ansehen, solange die thermische Einwirkung wesentlich auf den Oberflächenbereich beschränkt bleibt. Daher kann die Lösung für die Wärmeleitung im halbunendlichen Körper als Näherung für sehr kleine *Fo*-Werte bei endlichen Körpern dienen. Die Lösung von Gl. (1) lautet in diesem Fall der Randbedingung dritter Art:

$$\frac{\vartheta}{\vartheta_c} = G\left(\frac{1}{2\,Fo^{1/2}}\right) + \exp(Fo\,Bi^2 + Bi)\left[1 - G\left(\frac{1}{2\,Fo^{1/2}} + Fo^{1/2}\,Bi\right)\right]. \tag{33}$$

Darin ist

$$G(z) = \frac{2}{\sqrt{\pi}} \int_0^z \exp(-\eta^2)\,d\eta$$

das GAUSSsche Fehlerintegral [in der englisch-amerikanischen Literatur auch error function (erf) genannt]. Die charakteristische Länge in den Kenngrößen ist der Abstand x von der Oberfläche; es ist also $Fo = a\,t/x^2$ und $Bi = \alpha\,x/\lambda$. Das Produkt $Fo\,Bi^2 = \alpha^2\,a\,t/\lambda^2$ enthält keine Längenkoordinate. Für die Wandtemperatur ($x = 0$) erhält man

$$\frac{\vartheta_w}{\vartheta_e} = \exp(Fo\,Bi^2)\,[1 - G(Fo^{1/2}\,Bi)], \tag{34}$$

und für die Randbedingung erster Art ($\vartheta_w = \text{const}$; $Bi = \infty$) wird aus Gl. (33)

$$\frac{\vartheta}{\vartheta_e} = G\left(\frac{1}{2\,Fo^{1/2}}\right) = G\left(\frac{x}{\sqrt{4\,a\,t}}\right). \tag{35}$$

Gl. (33) mit Gl. (35) als Grenzfall wurde mit dem Digitalrechner Siemens 2002 berechnet und das Ergebnis in Tafel 10 und 11 aufgetragen. Tafel 10 mit $Fo < 30$ dient für lang

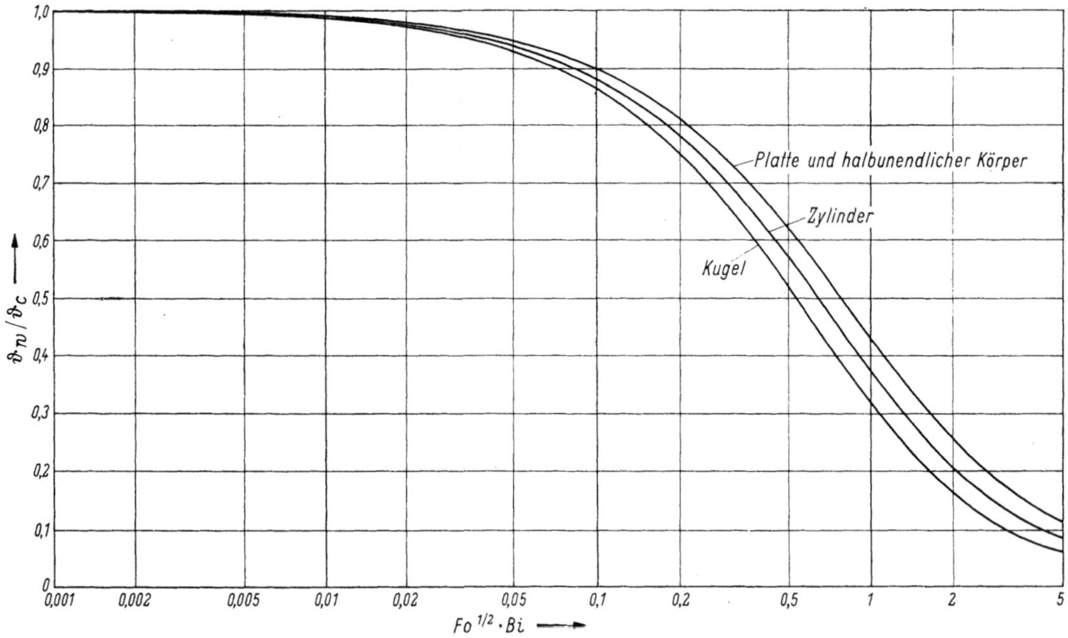

Abb. 7. Wandtemperaturen des halbunendlichen Körpers. Für $Fo = 0{,}1$ Wandtemperaturen der ebenen Platte, des Zylinders und der Kugel

dauernde, Tafel 11 mit $Fo < 0{,}3$ für kurzzeitige Vorgänge. Die Maschine lieferte keine brauchbaren Ergebnisse im ungefähren Bereich $(1/Bi) < 0{,}8$ und $Fo > 10$, da dort die Exponentialfunktion in Gl. (33) sehr große, die Funktion in der eckigen Klammer sehr kleine Werte annahm, so daß die verfügbare Stellenzahl nicht mehr ausreichte. Aus den noch zuverlässig berechneten Werten des Diagramms am Rande des genannten Bereichs konnte geschlossen werden, daß die Kurven $(1/Bi) = \text{const}$ in der Nähe von $(1/Bi) = 0$ gleichen Abstand hatten, wenn $(1/Bi)$ in arithmetischer Reihe zunahm. Das wurde zur näherungsweisen Berechnung der fehlenden Werte benutzt, indem man aus Gl. (33) den Differentialquotienten

$$\left(\frac{\partial(\vartheta/\vartheta_e)}{\partial(1/Bi)}\right)_{Fo} = \frac{\exp\left(-\frac{1}{4\,Fo}\right)}{\sqrt{\pi}\,Fo^{1/2}}$$

für $(1/Bi) \to 0$ bildete und aus diesem für jeden Fo-Wert die fehlenden Abstände zur Kurve $(1/Bi) = 0$ ausrechnete. Die auf diese Weise erhaltenen Werte im untersten rechten

Teil von Tafel 10 sind zwar nicht so zuverlässig wie die übrigen direkt berechneten, dürften aber für die meisten Fälle ausreichen.

Die Wandtemperaturen des halbunendlichen Körpers nach Gl. (34) sind in Abb. 7 als Funktion von $Fo^{1/2}\,Bi$ wiedergegeben. Dazu sind zum Vergleich die Wandtemperaturen von ebener Platte, Zylinder und Kugel für $Fo = 0{,}1$ eingetragen. Die Kurve für die ebene Platte stimmt mit der des halbunendlichen Körpers im Bereich der Zeichengenauigkeit überein. Zylinder und Kugel kühlen sich schneller ab als die ebene Platte. Die Unterschiede werden umso geringer, je kleiner Fo und Bi werden.

Für die Randbedingung erster Art ($\vartheta_w = \text{const}$, $Bi = \infty$) sind in Abb. 8 die Temperaturen im Inneren des halbunendlichen Körpers sowie in der Mitte verschiedener Körper

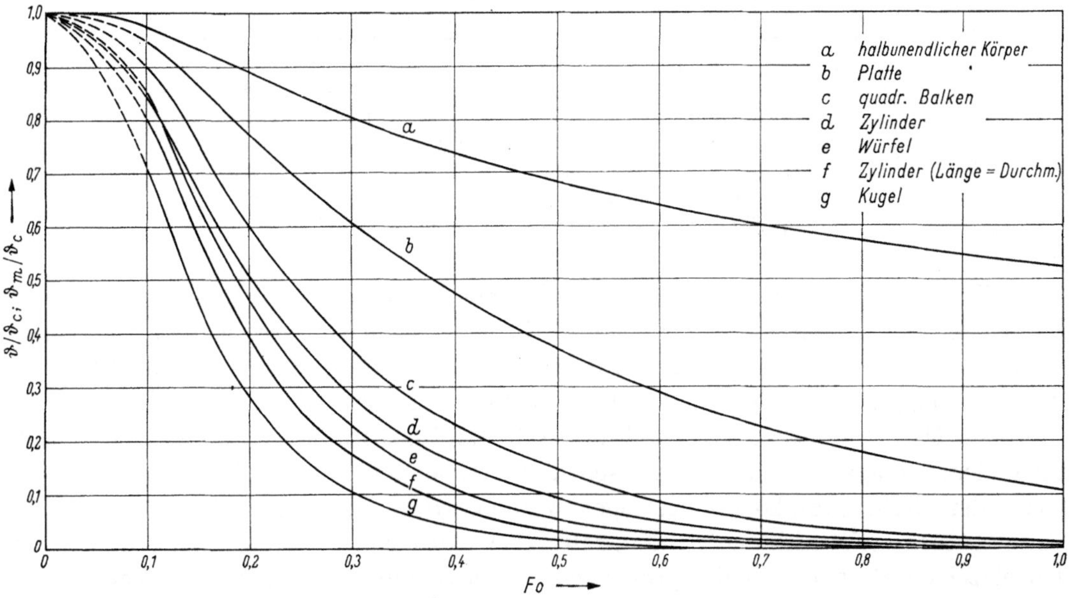

Abb. 8. Temperaturen in der Mitte verschiedener Körper und im Inneren des halbunendlichen Körpers für konstante Wandtemperatur

endlicher Abmessungen zusammengestellt. Die Temperaturen ändern sich um so schneller, je größer das Verhältnis Oberfläche zu Volumen ist und je näher der Mittelpunkt zur Oberfläche liegt.

Beispiele zur Auswertung

Wir betrachten eine ebene Platte von der Dicke $2X = 10$ cm mit gleichförmiger Über- oder Untertemperatur gegenüber der Umgebung. An den beiden Oberflächen wird von der Zeit $t = 0$ ab Wärme bei konstanter Umgebungstemperatur übertragen, wobei der konstant angenommene Wärmeübergangskoeffizient den Wert $\alpha = 10$ W/(m² grd) hat, wie er etwa freier Konvektion in Luft entspricht. Um den Einfluß „starker" oder „schwacher" Kühlung oder Heizung zu zeigen, nehmen wir drei verschiedene Materialien an, nämlich einen Isolierstoff mit einer Wärmeleitfähigkeit $\lambda = 0{,}05$ W/(m grd), einen keramischen Stoff mit $\lambda = 0{,}5$ W/(m grd) und ein Metall mit $\lambda = 50$ W/(m grd). Damit wird deutlich, daß es nicht auf den Wert des Wärmeübergangskoeffizienten α (den wir für alle 3 Fälle gleich annehmen), sondern auf den Wert der Biot-Zahl $Bi = \alpha X/\lambda$ ankommt. Wir erhalten $Bi = 10$; 1 und 1/100.

Die Zeit t ergibt sich aus der FOURIER-Zahl nach der Beziehung

$$t = Fo\,\frac{X^2}{a} = Fo\,\frac{c\,\varrho\,X^2}{\lambda}\,.$$

Die gewählten Stoffgrößen und die zur Berechnung gebrauchten Werte der drei ebenen Platten sind in Zahlentafel 7 zusammengestellt.

Für diese 3 Fälle wurden im weiten Bereich der FOURIER-Zahl die Temperaturen in der Mittelebene ϑ_m/ϑ_c und die Wandtemperaturen ϑ_w/ϑ_c nach verschiedenen Rechenmethoden ermittelt. Für sehr kleine Fo-Werte wurde für die Wandtemperatur Gl. (34) für

Zahlentafel 7. *Werte zur Berechnung der Beispiele*

Größe	Isolierplatte	Keramikplatte	Metallplatte	Einheit
X	0,05	0,05	0,05	m
α	10	10	10	W/(m² grd)
λ	0,05	0,5	50	W/(m grd)
Bi	10	1	1/100	—
c	0,9	0,8	0,5	kJ/(kg grd)
ϱ	200	2000	8000	kg/m³
t	9000 Fo	8000 Fo	200 Fo	s

den halbunendlichen Körper herangezogen (Methode I). Für $Fo > 0{,}1$ konnten die Werte den Tafeln 1 und 2 entnommen werden (Methode II). Zum Vergleich wurden die Temperaturen auch nach Gln. (11) und (12) unter Benutzung des ersten Terms der FOURIER-Reihe berechnet, wobei die Konstanten Zahlentafel 2 bzw. Abb. 2 entnommen wurden (Methode III). Die Ergebnisse sind in Zahlentafel 8 zusammengestellt, in die allerdings nicht die aus den Tafeln abgelesenen Werte, sondern die auf 6 Ziffern gerundeten Werte der Rechenprotokolle eingetragen wurden. Diese Genauigkeit ist für praktische Anwendungen meist nicht notwendig, zeigt aber deutlicher die Abweichungen zwischen den einzelnen Rechenmethoden. Die nach diesen 3 Methoden erhaltenen Wandtemperaturen ϑ_w/ϑ_c sind in Abb. 9 als Funktion von Fo mit Bi als Parameter dargestellt.

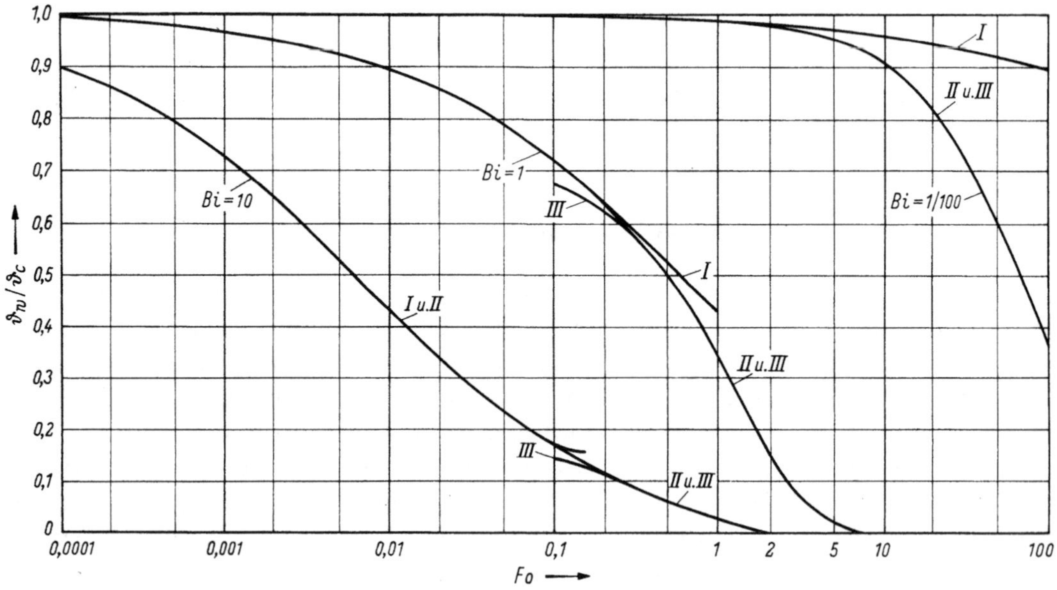

Abb. 9. Wandtemperatur für drei ebene Platten, nach verschiedenen Methoden berechnet. Vergleiche Überschrift zu Zahlentafel 8

Zahlentafel 8. *Temperaturen der Mittelebene ϑ_m/ϑ_e und der Wand ϑ_w/ϑ_e einer ebenen Platte für $Bi = 10$; 1 und 1/100. Stoffgrößen nach Zahlentafel 7*

Rechenmethode I: Halbunendlicher Körper. Gl. (33).
Rechenmethode II: 8 Glieder der Fourier-Reihe. Gl. (7) und (8). Tafel 1 und 2.
Rechenmethode III: Erstes Glied der Fourier-Reihe. Gln. (11) und (12). Konstanten nach Abb. 2.

Fourier-zahl	Isolierplatte $Bi = 10$			Keramikplatte $Bi = 1$			Metallplatte $Bi = 1/100$			Rechen-methode
Fo	t	ϑ_m/ϑ_e	ϑ_w/ϑ_e	t	ϑ_m/ϑ_e	ϑ_w/ϑ_e	t	ϑ_m/ϑ_e	ϑ_w/ϑ_e	
0,0001	0,9 s		0,896420	0,8 s		0,988700	0,02 s		0,999887	I
0,001	9 s		0,723865	8 s		0,965354	0,2 s		0,999643	I
0,01	1 min 30 s		0,427586	1 min 20 s		0,896420	2 s		0,998870	I
0,1	15 min			13 min 20 s		0,723865	20 s		0,996608	I
		0,968424	0,170574		0,933108	0,723577		0,999921	0,996442	II
		1,028939	0,145535		1,039256	0,677824		1,000703	0,995708	III
0,2	30 min			26 min 40 s		0,644033	40 s		0,994953	I
		0,829255	0,122482		0,950642	0,643391		0,999387	0,994968	II
		0,838918	0,118658		0,965108	0,629463		0,999699	0,994709	III
0,3	45 min			40 min		0,592885	1 min		0,993820	I
		0,682465	0,097346		0,891796	0,588850		0,998566	0,993802	II
		0,683990	0,996745		0,896250	0,584553		0,998699	0,993714	III
0,5	1 h 15 min			1 h 6 min 40 s		0,517204	1 min 40 s		0,992000	I
		0,454641	0,064329		0,772526	0,504522		0,996667	0,991733	II
		0,454684	0,064312		0,772922	0,504116		0,996704	0,991729	III
1,0	2 h 30 min			2 h 13 min 20 s		0,427586	3 min 20 s		0,988200	I
		0,163818	0,023172		0,533859	0,348177		0,991727	0,986789	II
		0,163817	0,023171		0,533831	0,348175		0,991733	0,986783	III
10	1 d 1 h			22 h 13 min 20 s			33 min 20 s		0,965300	I
		$\approx 0{,}17 \cdot 10^{-8}$	$\approx 0{,}24 \cdot 10^{-9}$		$0{,}682884 \cdot 10^{-3}$	$0{,}445367 \cdot 10^{-3}$		0,906642	0,902127	II
		$\approx 0{,}22 \cdot 10^{-8}$	$\approx 0{,}31 \cdot 10^{-9}$		$0{,}682672 \cdot 10^{-3}$	$0{,}445253 \cdot 10^{-3}$		0,906378	0,901854	III
100	10 d 10 h			9 d 6 h 13 min 20 s			5 h 33 min 20 s		0,896460	I
								0,369718	0,367877	II
		$\approx 0{,}27 \cdot 10^{-88}$	$\approx 0{,}38 \cdot 10^{-89}$		$\approx 0{,}80 \cdot 10^{-32}$	$\approx 0{,}52 \cdot 10^{-32}$		0,368504	0,366665	III

Dieses Diagramm zeigt noch einmal die Bereiche der 3 Rechenmethoden. Bei $Bi = 1/100$ gehen die nach Methode I und III erhaltenen Wandtemperaturen so ineinander über, daß im Rahmen der Zeichengenauigkeit kein Bereich erkennbar ist, in dem allein die Methode der FOURIER-Reihen mit 5 Gliedern angewandt werden kann. Dieser Bereich ist bei $Bi = 1$ und $Bi = 10$ sehr klein und kaum von der (geradlinigen) Tangente an die beiden Kurvenäste I und III zu unterscheiden. So wird die einleitend aufgestellte Behauptung bewiesen, daß in weiten Bereichen der maßgebenden Kenngrößen die exakte Methode der FOURIER-Reihen durch Näherungsverfahren mit ausreichender Genauigkeit ersetzt werden kann. Man erhält dann statt der Reihen geschlossene, bequem zu handhabende Ausdrücke. Das vorliegende Buch enthält sowohl die Ergebnisse der Berechnung nach der Methode der FOURIER-Reihen als auch die für die Näherungsverfahren gebrauchten Gleichungen und Konstanten.

Schrifttum

[1] GRÖBER, H.: Die Grundgesetze der Wärmeleitung und des Wärmeüberganges. Berlin: Springer 1921.

[2] GRÖBER, H.: Z. VDI 69 (1925) 710.

[3] GURNEY, H. P., u. J. LURIE: Ind. Engng. Chem. 15 (1923) 1170–1172.

[4] BACHMANN, H.: Tafeln über Abkühlungsvorgänge einfacher Körper. Berlin: Springer 1938.

[5] HEISLER, M. P.: Trans. ASME 69 (1947) 227–236.

[6] GRÖBER, H., u. S. ERK: Die Grundgesetze der Wärmeübertragung, 3. Aufl., bearb. von U. GRIGULL, 3. Neudruck. Berlin/Göttingen/Heidelberg: Springer 1963.

721/54/63 — III/18/203

Tafel 1

Ebene Platte, Temperatur in der Mitte

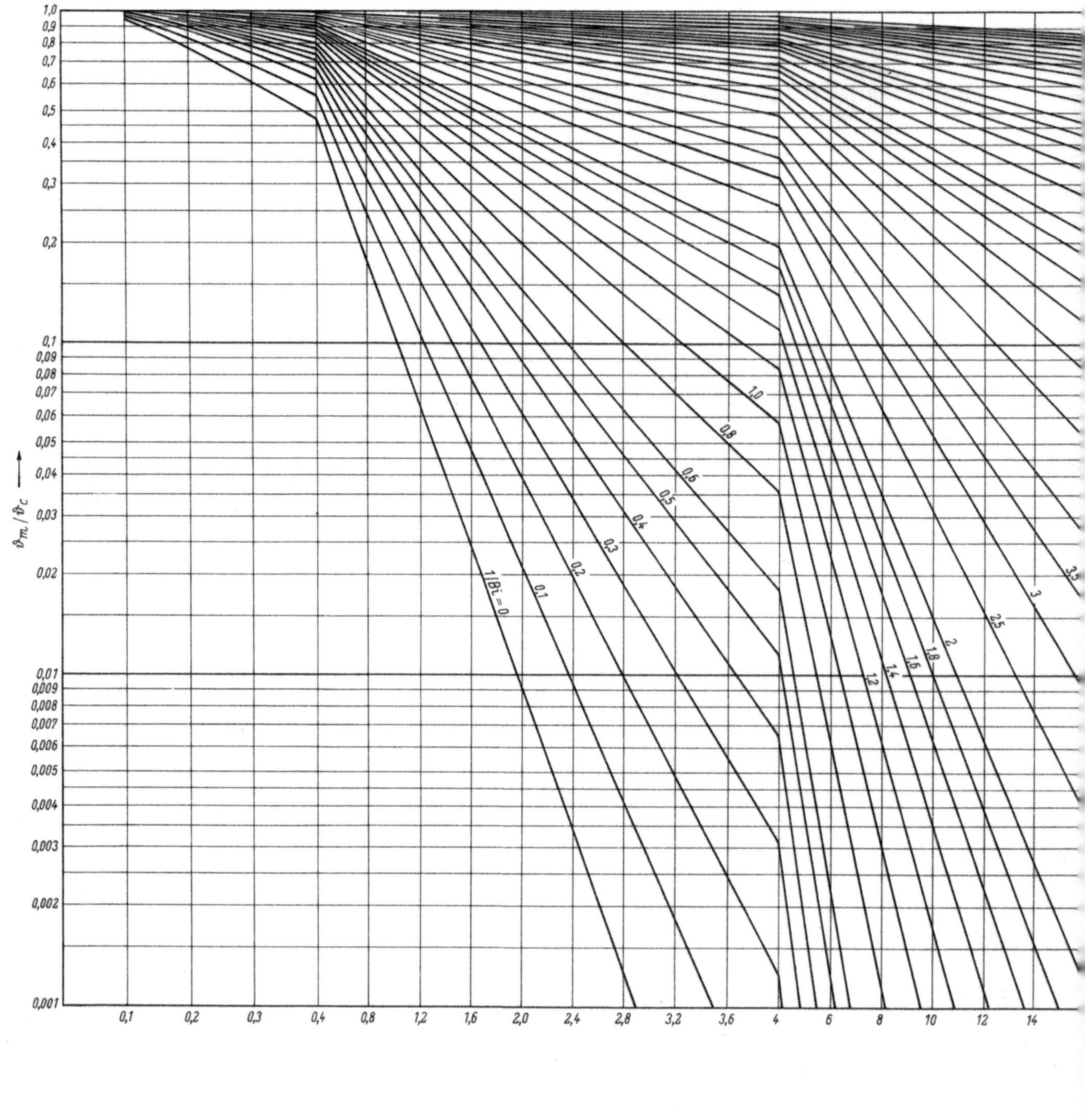

1,0
0,9
0,8
0,7
0,6
0,5
0,4
0,3
0,2
0,1
0,09
0,08
0,07
0,06
0,05
0,04
0,03
0,02
0,01
0,009
0,008
0,007
0,006
0,005
0,004
0,003
0,002
0,001
ϑ_m/ϑ_c →
0,1
0,2
0,3
0,4
0,8
1,2
1,6
2,0
2,4
2,8
3,2
3,6
4
6
8
10
12
14
1/Bi = 0
0,1
0,2
0,3
0,4
0,5
0,6
0,8
1,0
1,2
1,4
1,6
1,8
2
2,5
3

Tafel 1

Ebene Platte, Temperatur in der Mitte

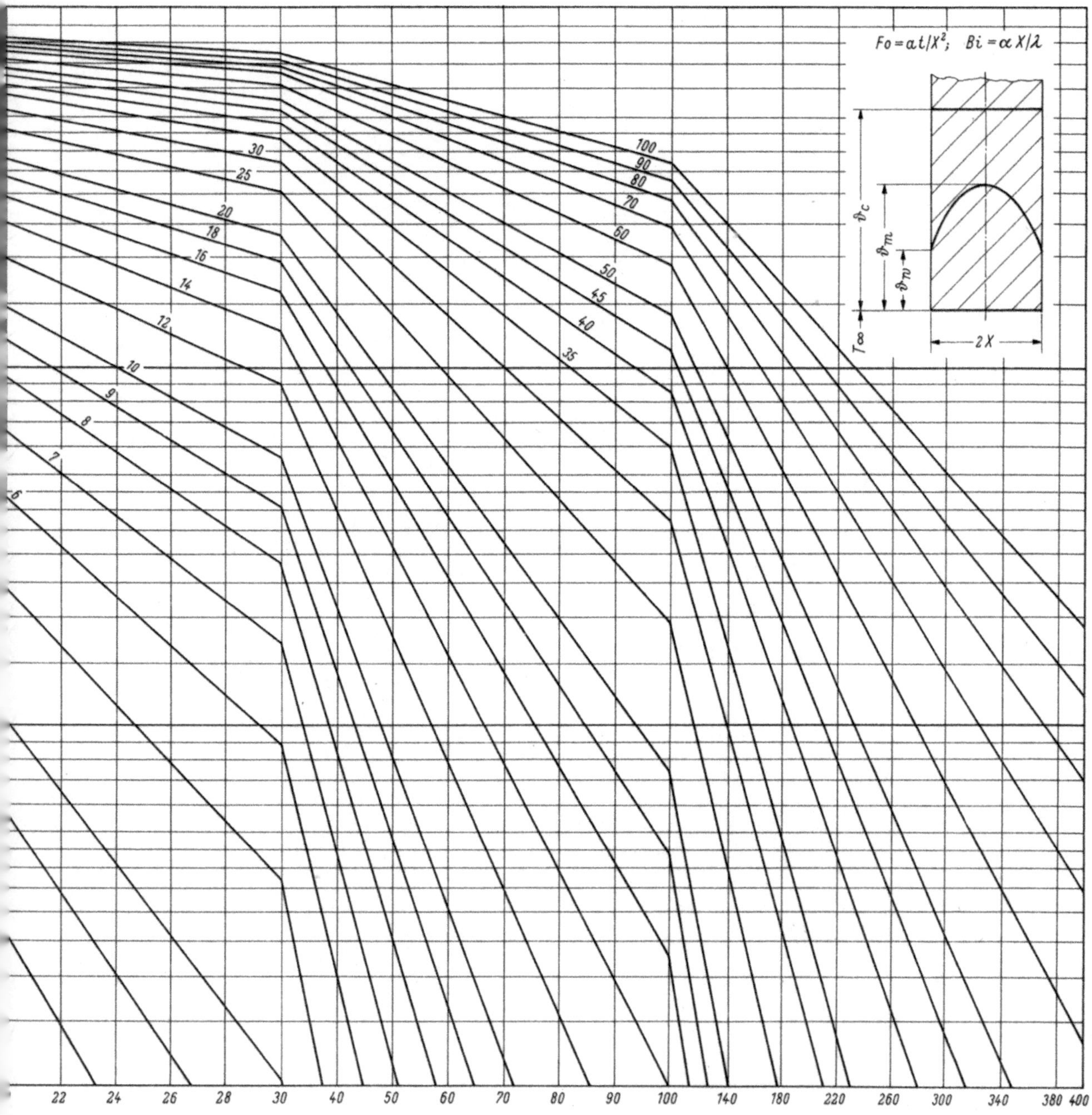

Tafel 2

Ebene Platte, Wandtemperatur

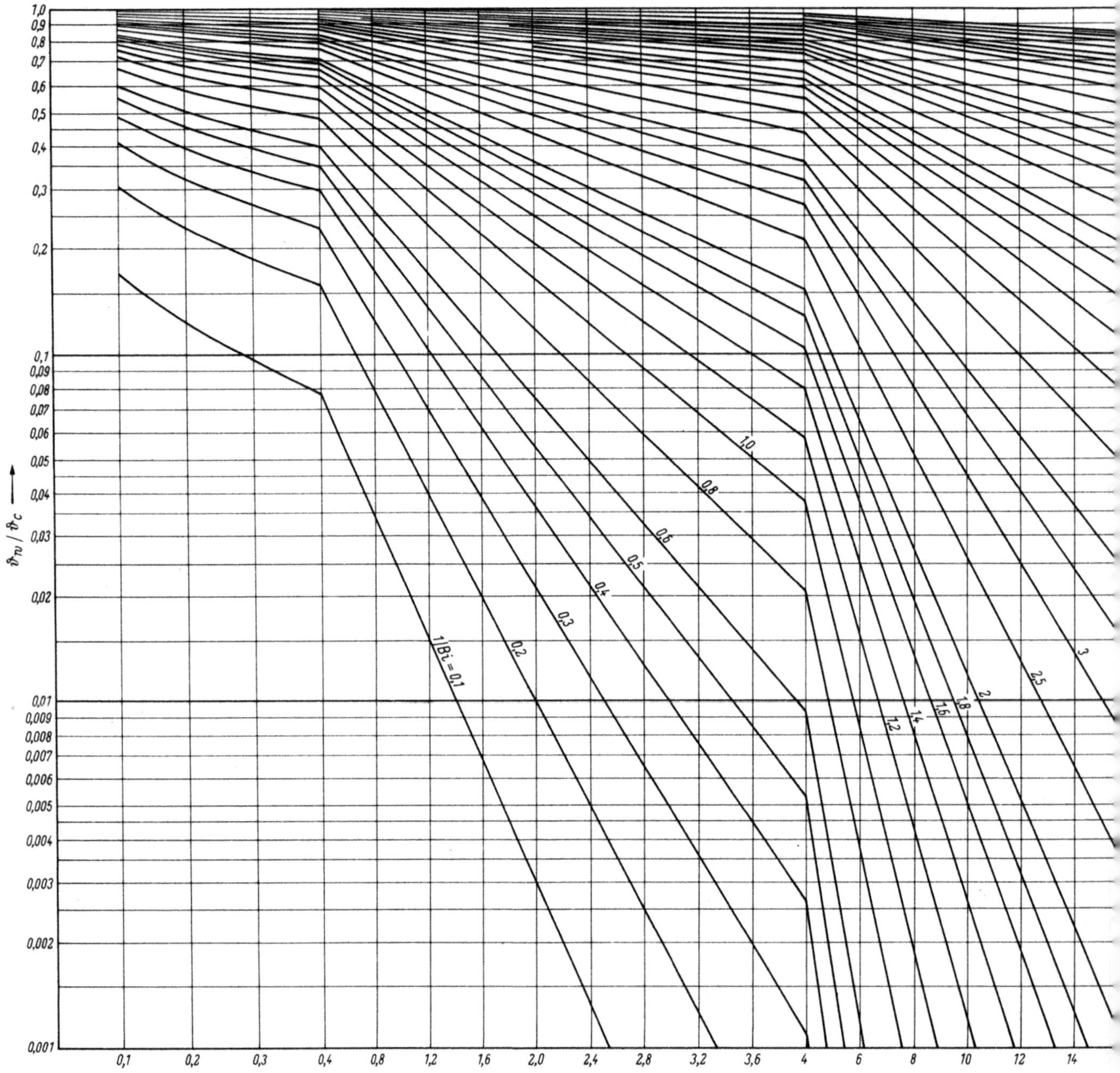

Grigull, Temperaturausgleich in einfachen Körpern

Ebene Platte, Wandtemperatur

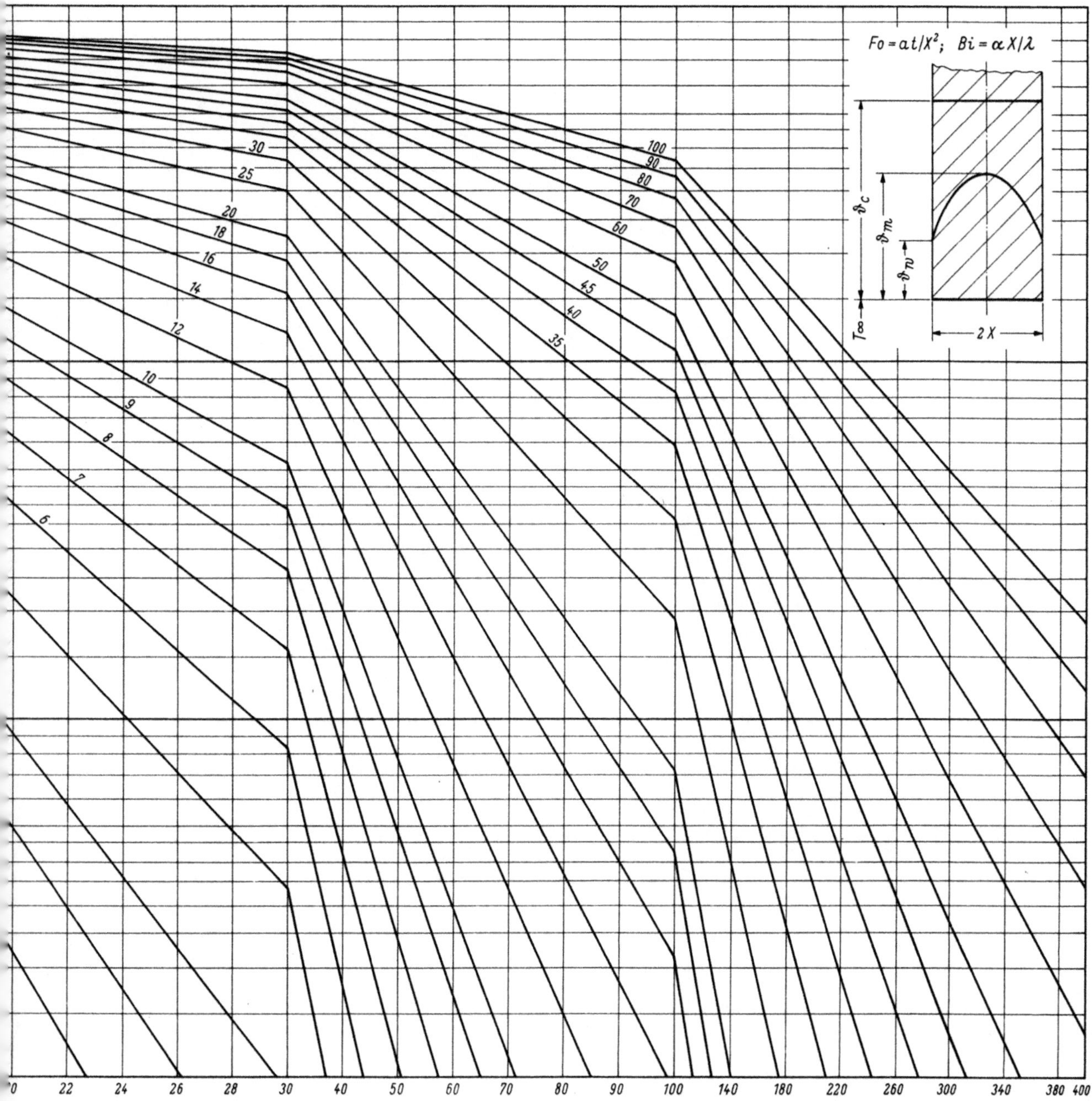

Tafel 3

Ebene Platte, Wärmemenge

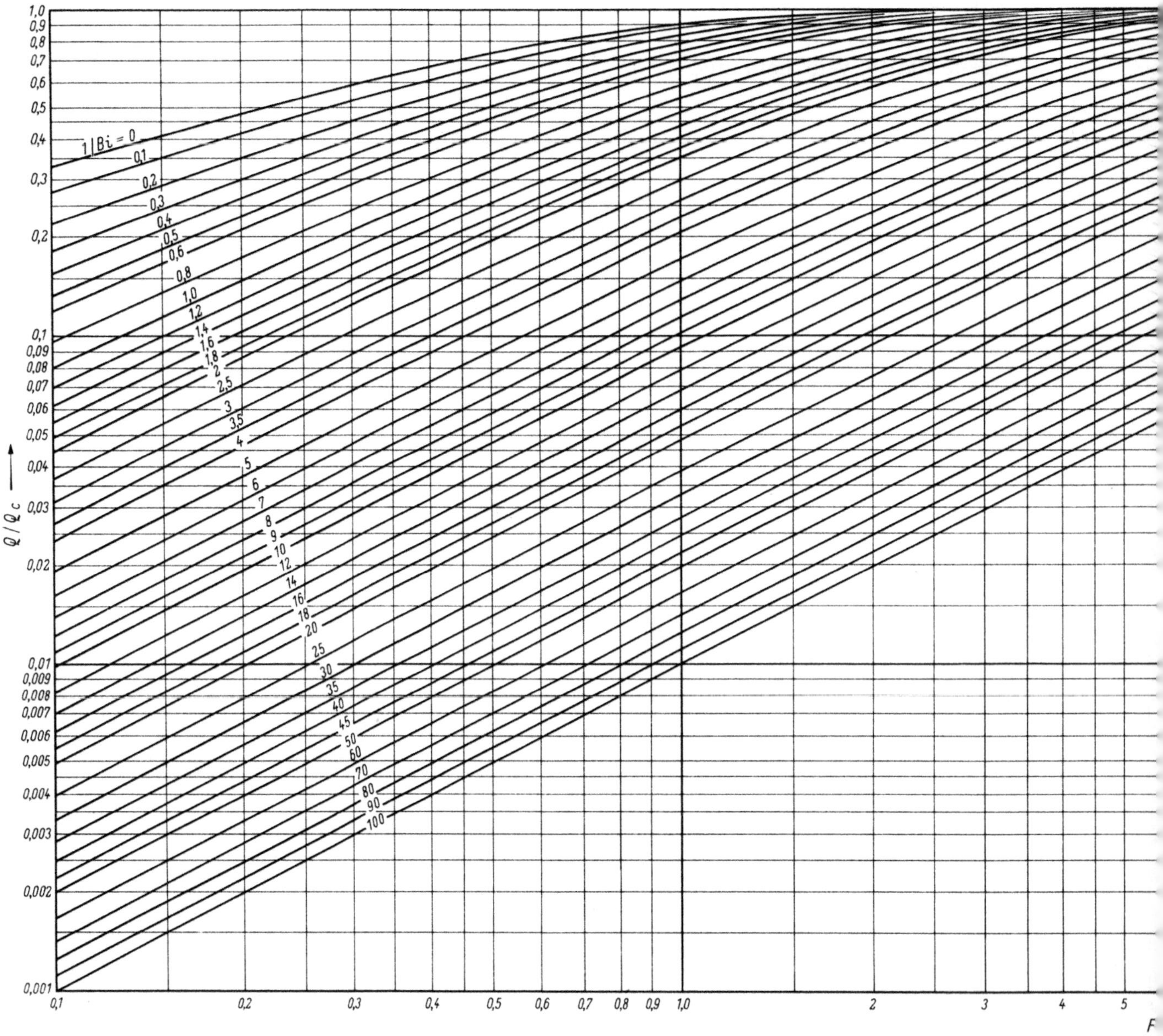

Grigull, Temperaturausgleich in einfachen Körpern

Tafel 3

Ebene Platte, Wärmemenge

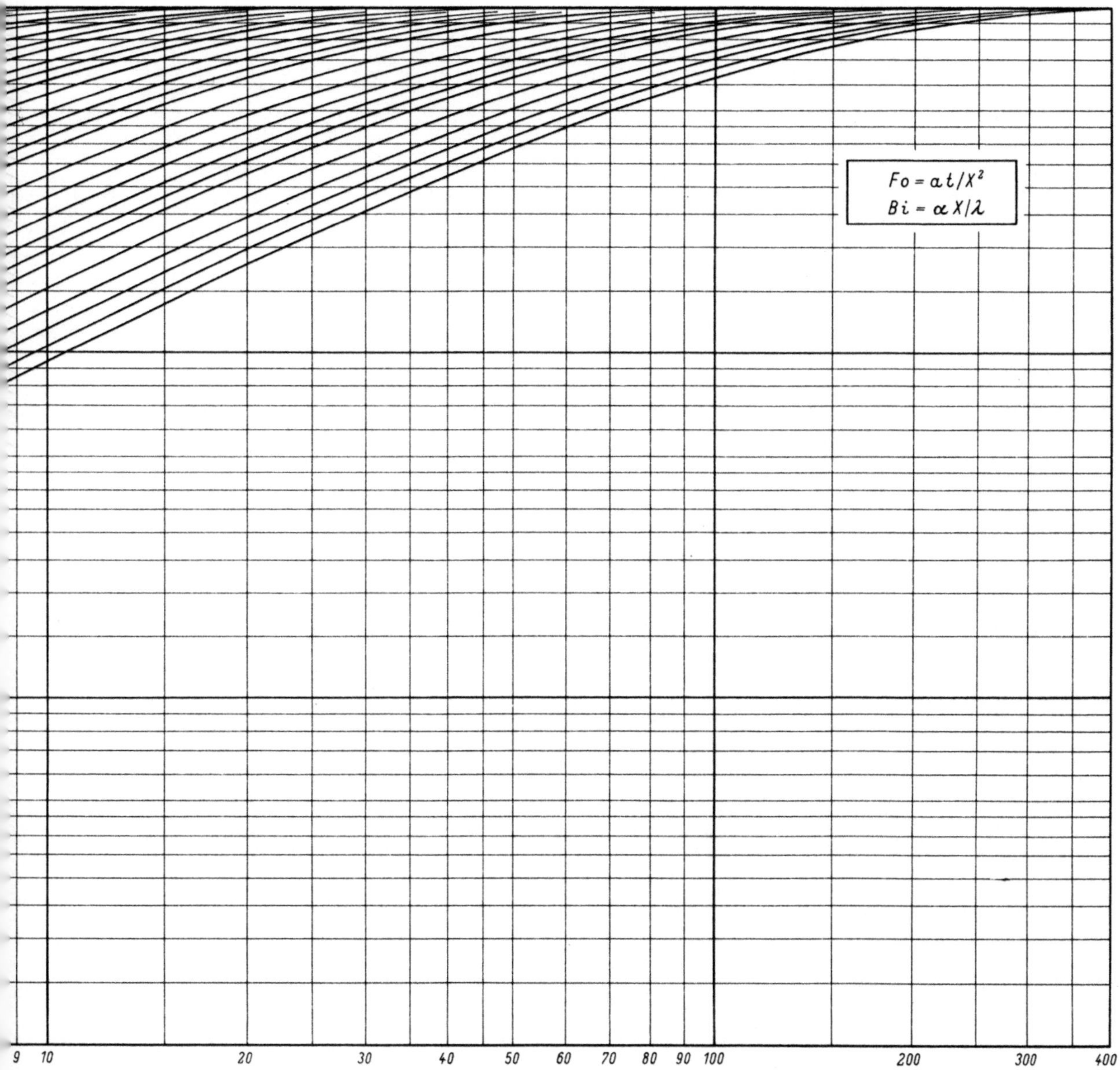

Tafel 4

Zylinder, Temperatur in der Mitte

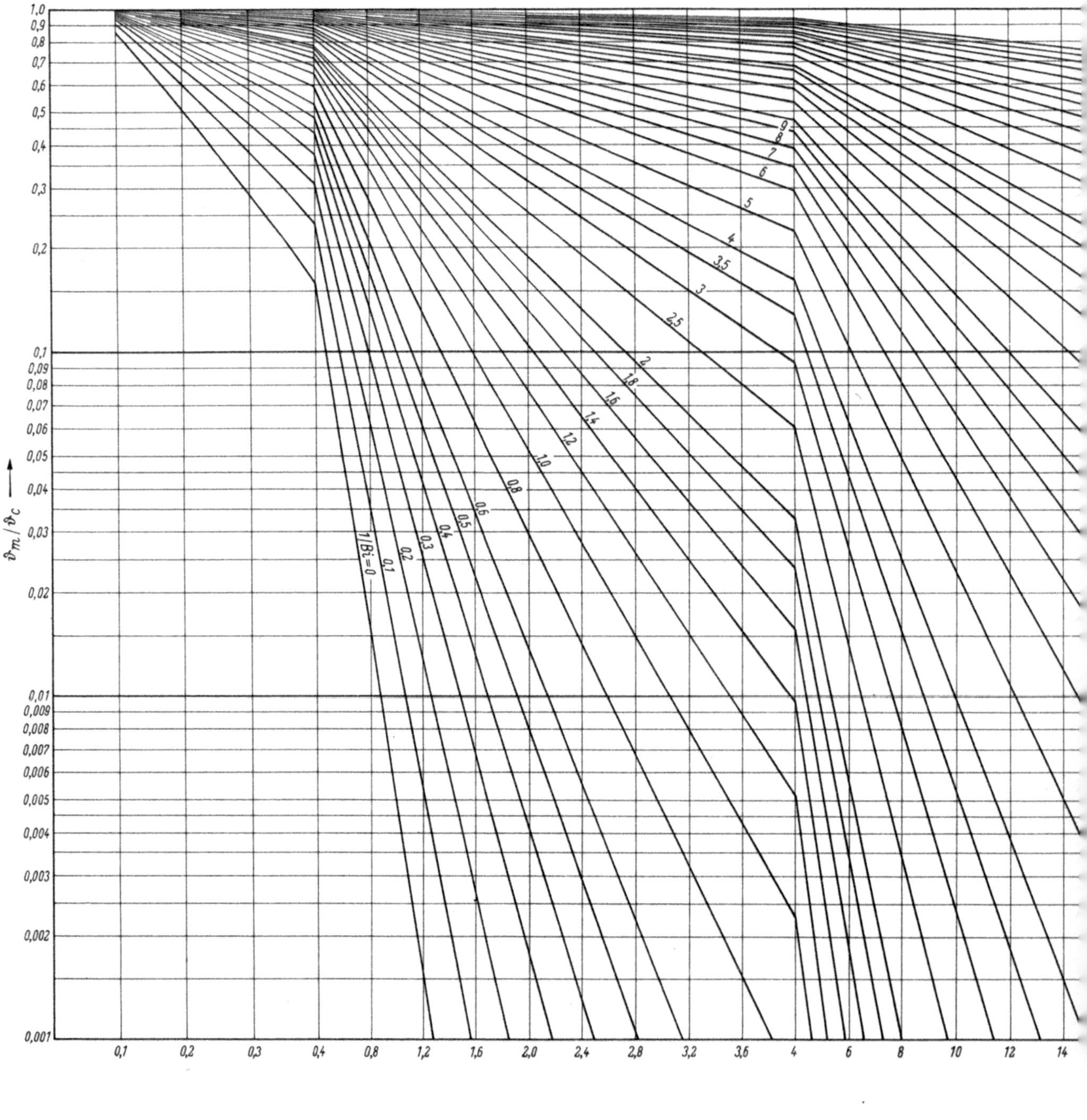

Grigull, Temperaturausgleich in einfachen Körpern

Tafel 4

Zylinder, Temperatur in der Mitte

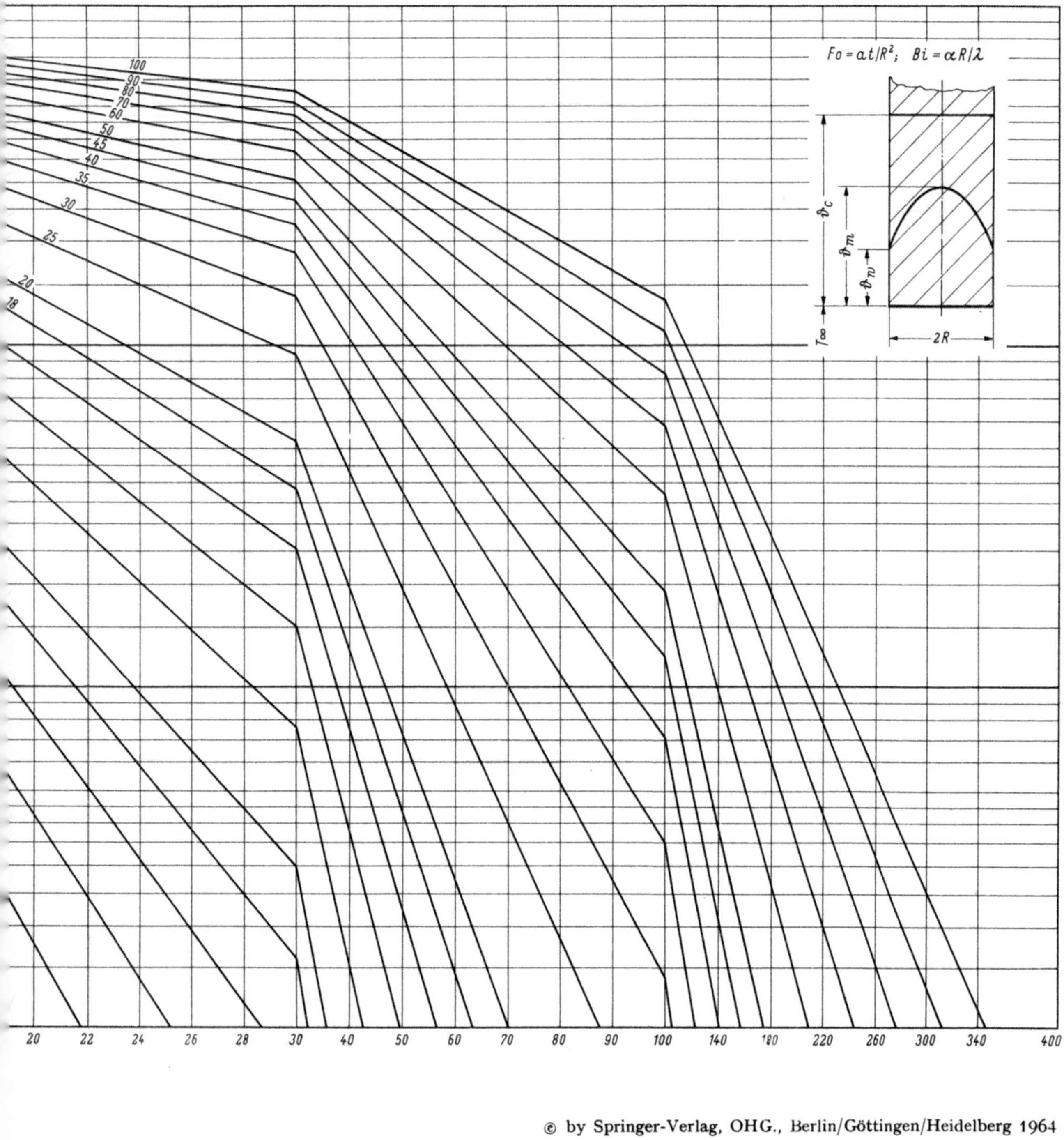

Tafel 5

Zylinder, Wandtemperatur

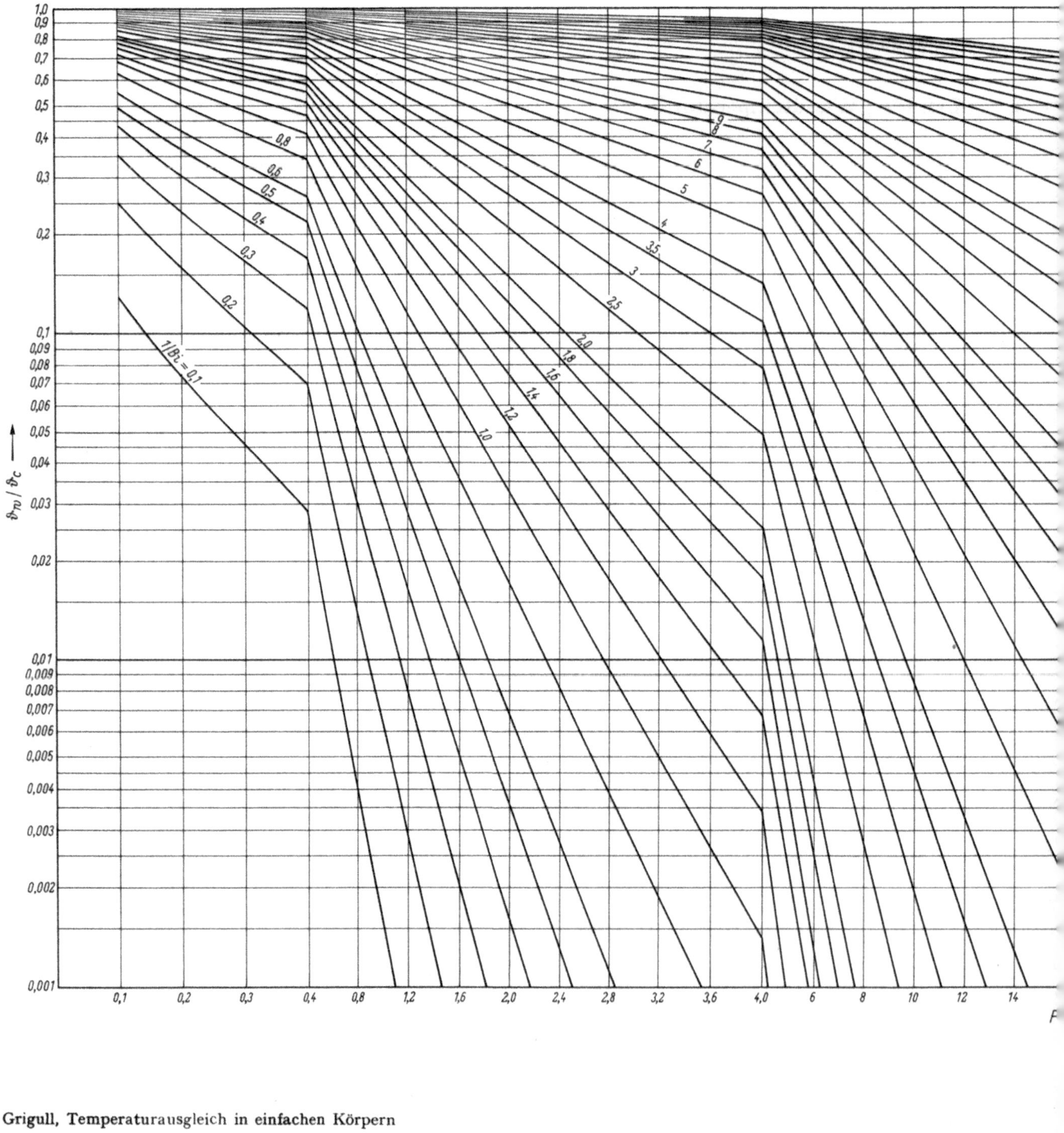

Grigull, Temperaturausgleich in einfachen Körpern

Tafel 5

Zylinder, Wandtemperatur

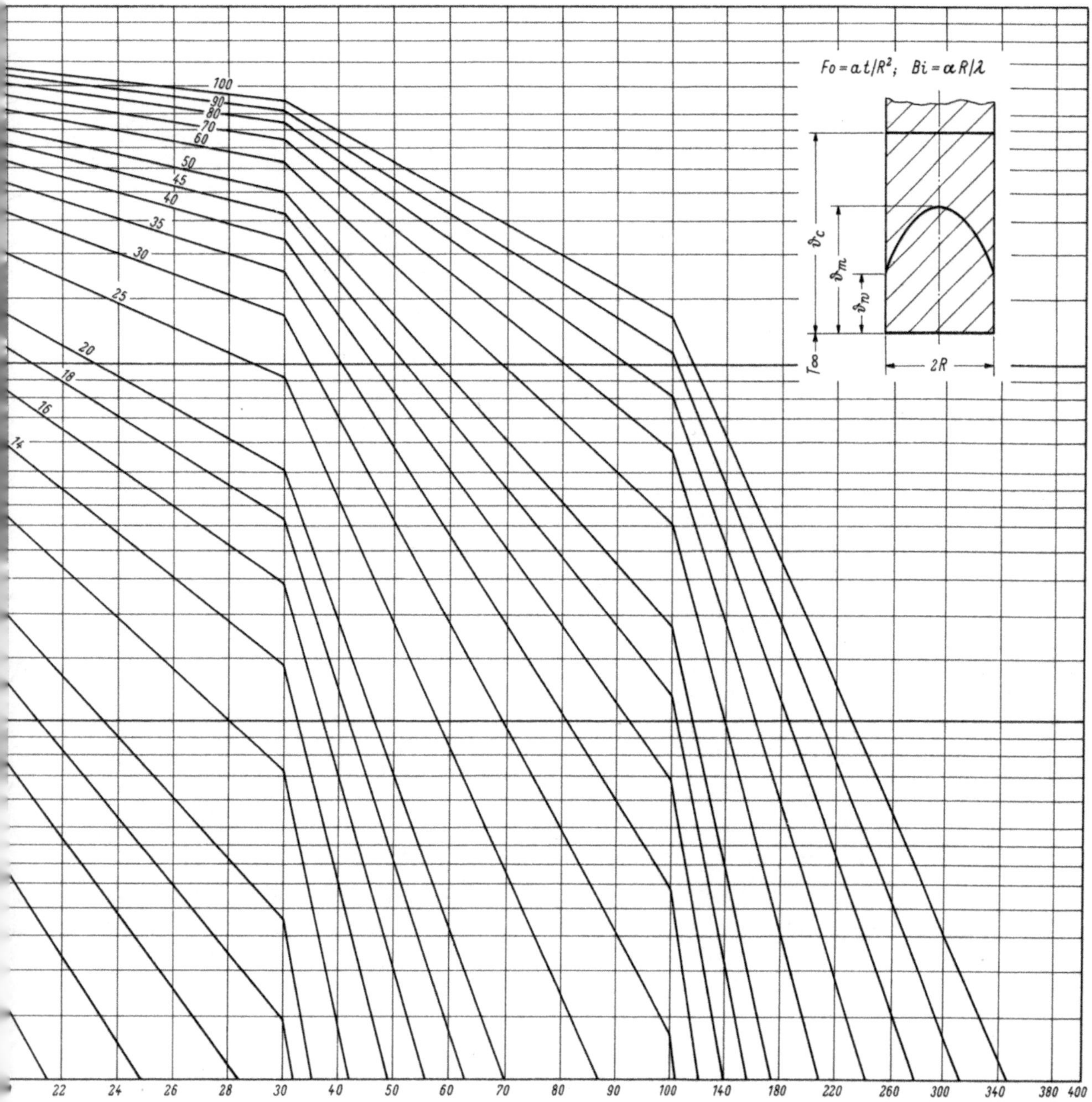

Tafel 6

Zylinder, Wärmemenge

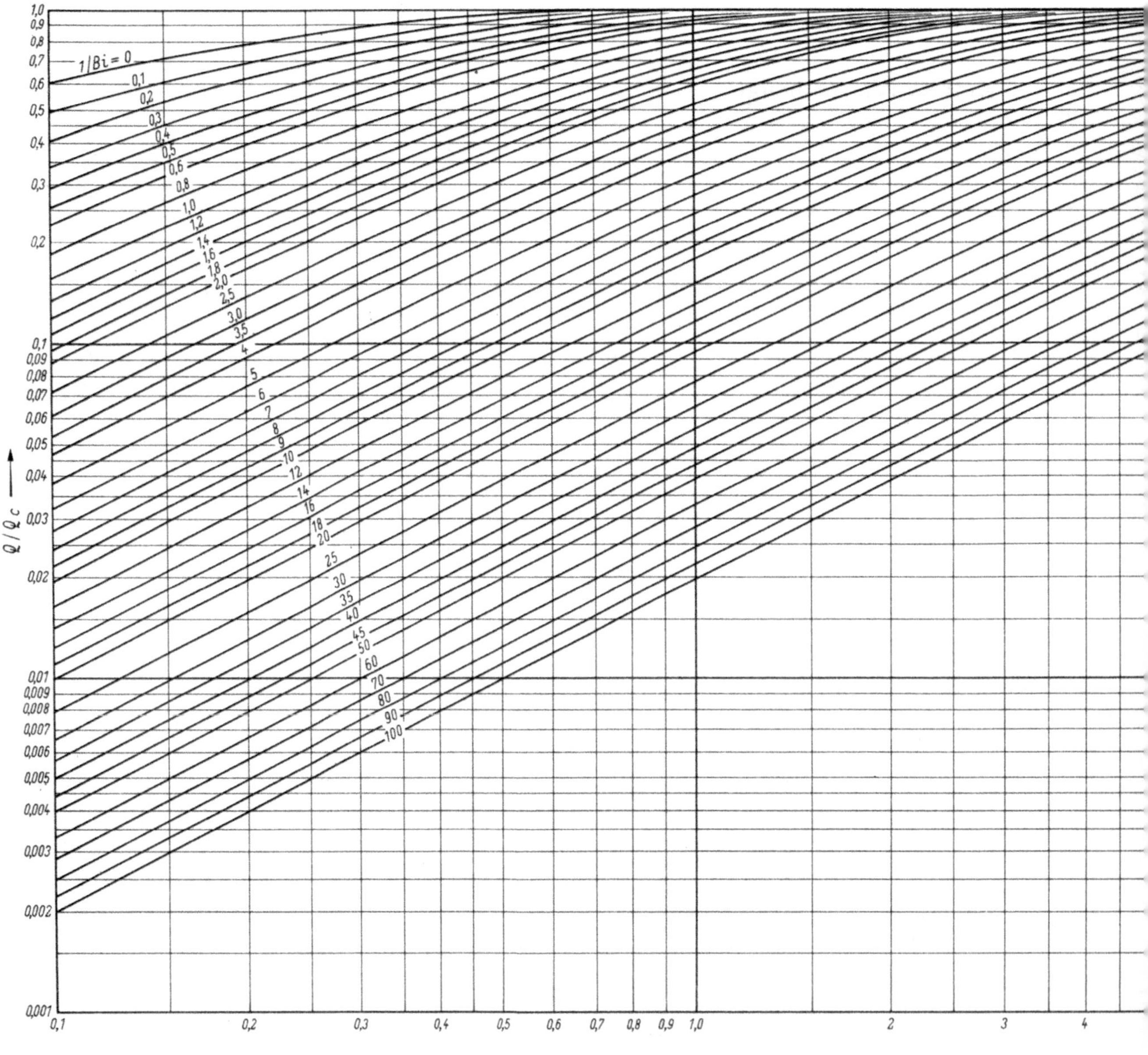

Grigull, Temperaturausgleich in einfachen Körpern

Tafel 6

Zylinder, Wärmemenge

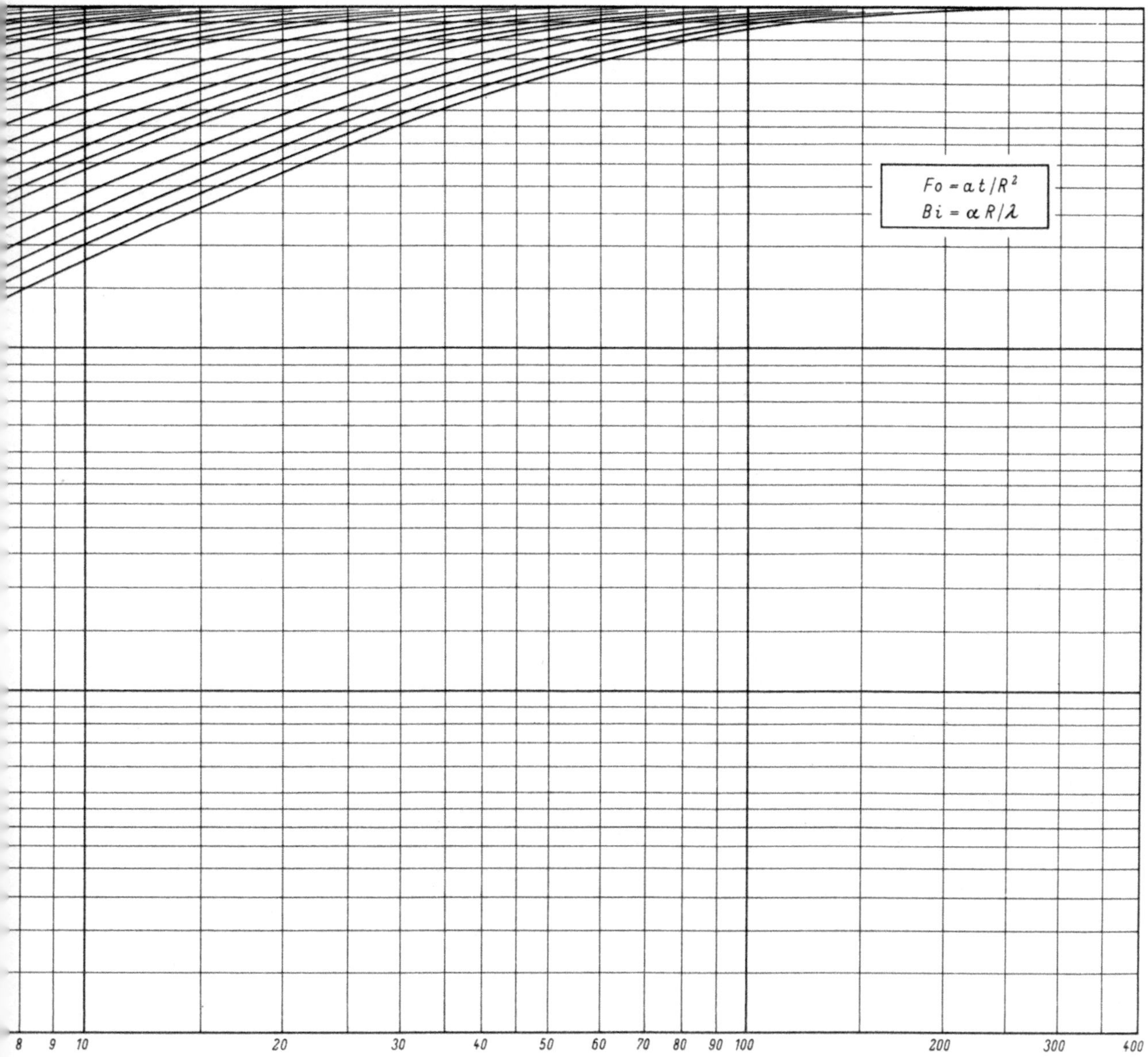

Tafel 7

Kugel, Temperatur in der Mitte

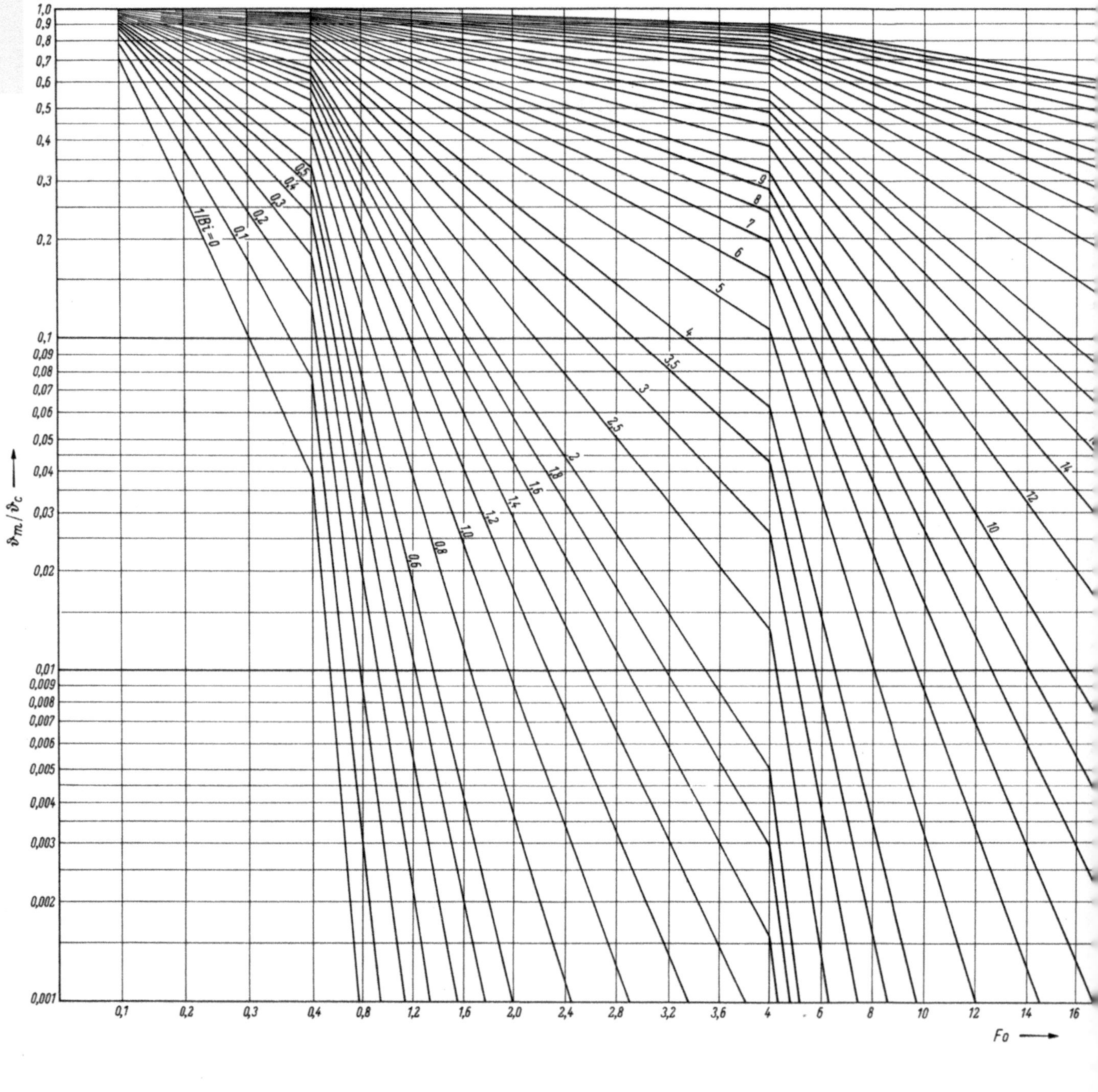

Grigull, Temperaturausgleich in einfachen Körpern

Kugel, Temperatur in der Mitte

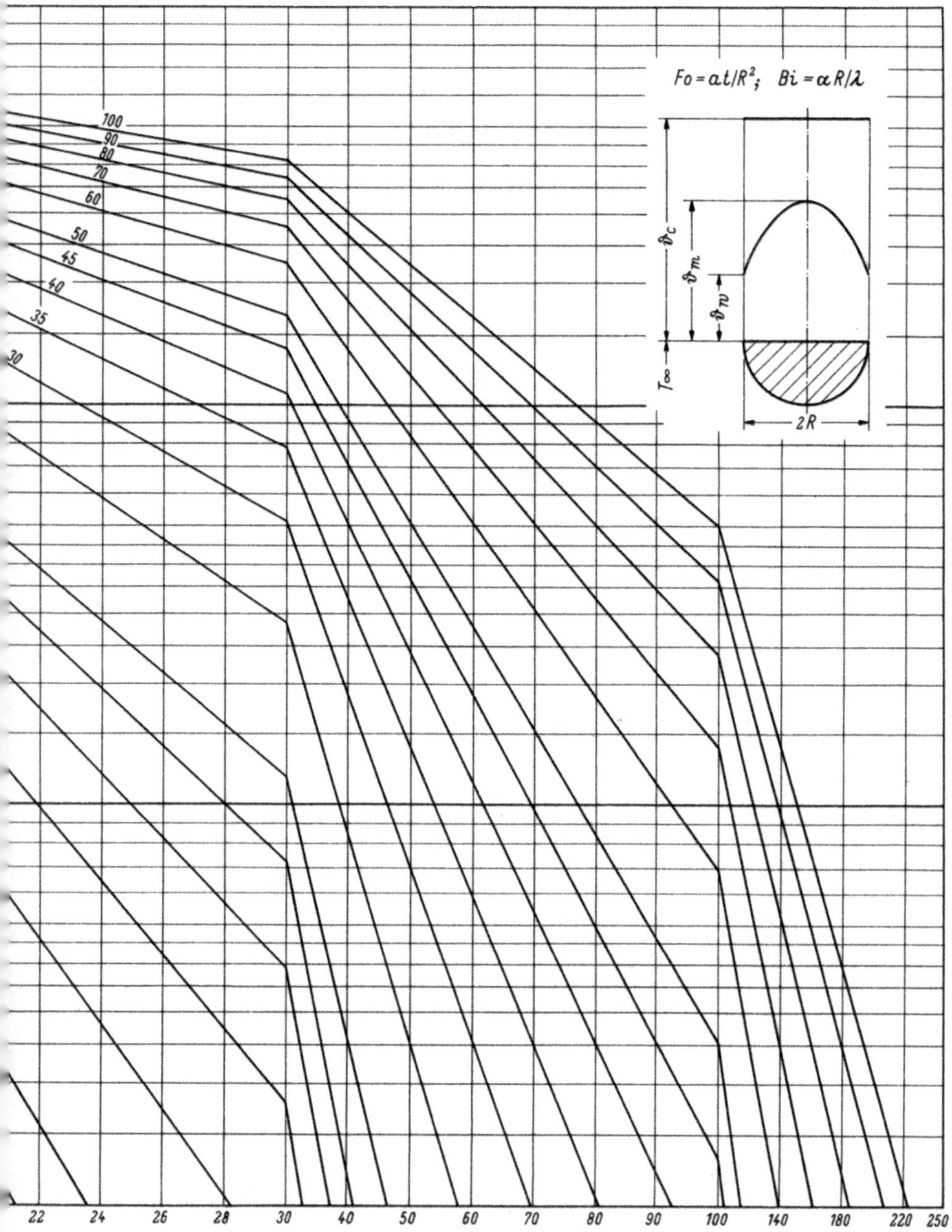

Tafel 8

Kugel, Wandtemperatur

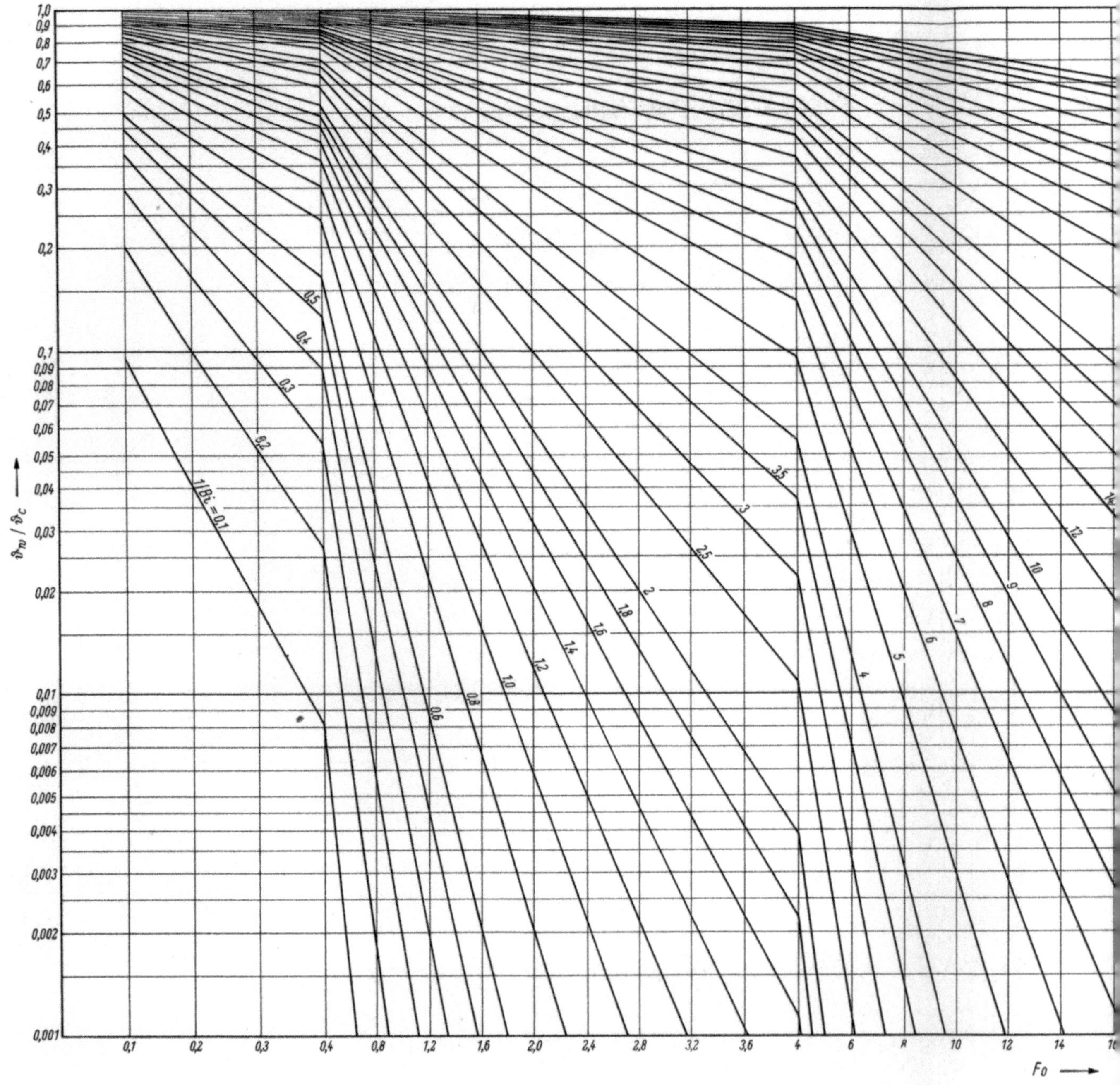

1,0
0,9
0,8
0,7
0,6
0,5
0,4
0,3
0,2
0,1
0,09
0,08
0,07
0,06
0,05
0,04
0,03
0,02
0,01
0,009
0,008
0,007
0,006
0,005
0,004
0,003
0,002
0,001
$\vartheta_w / \vartheta_c$
1/Bi = 0,1
0,2
0,3
0,4
0,5
0,6
0,8
1,0
1,2
1,4
1,6
1,8
2
2,5
3
3,5
4
5
6
7
8
9
10
12
0,1 0,2 0,3 0,4 0,8 1,2 1,6 2,0 2,4 2,8 3,2 3,6 4 6 8 10 12 14
Fo

Tafel 8

Kugel, Wandtemperatur

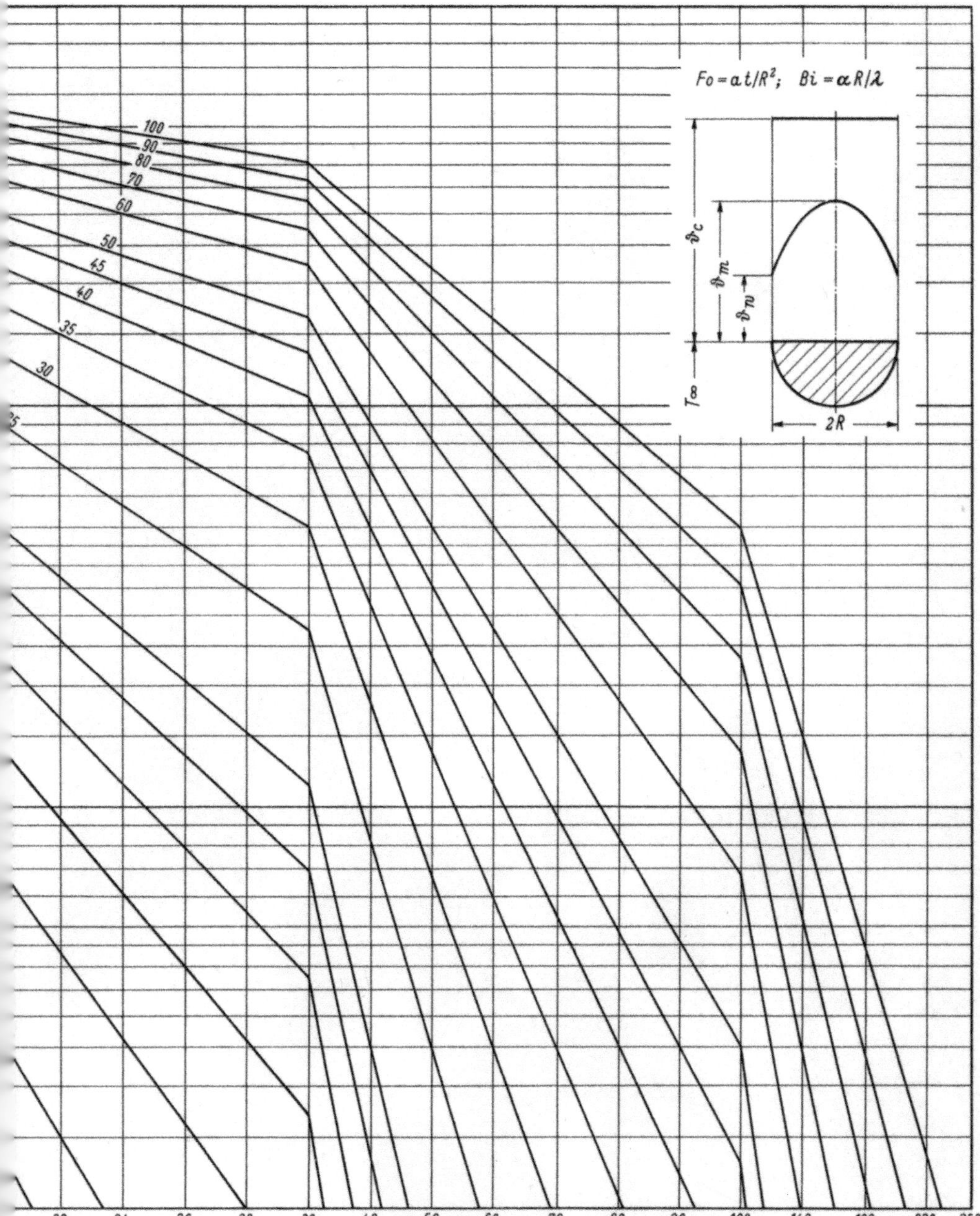

Tafel 9

Kugel, Wärmemenge

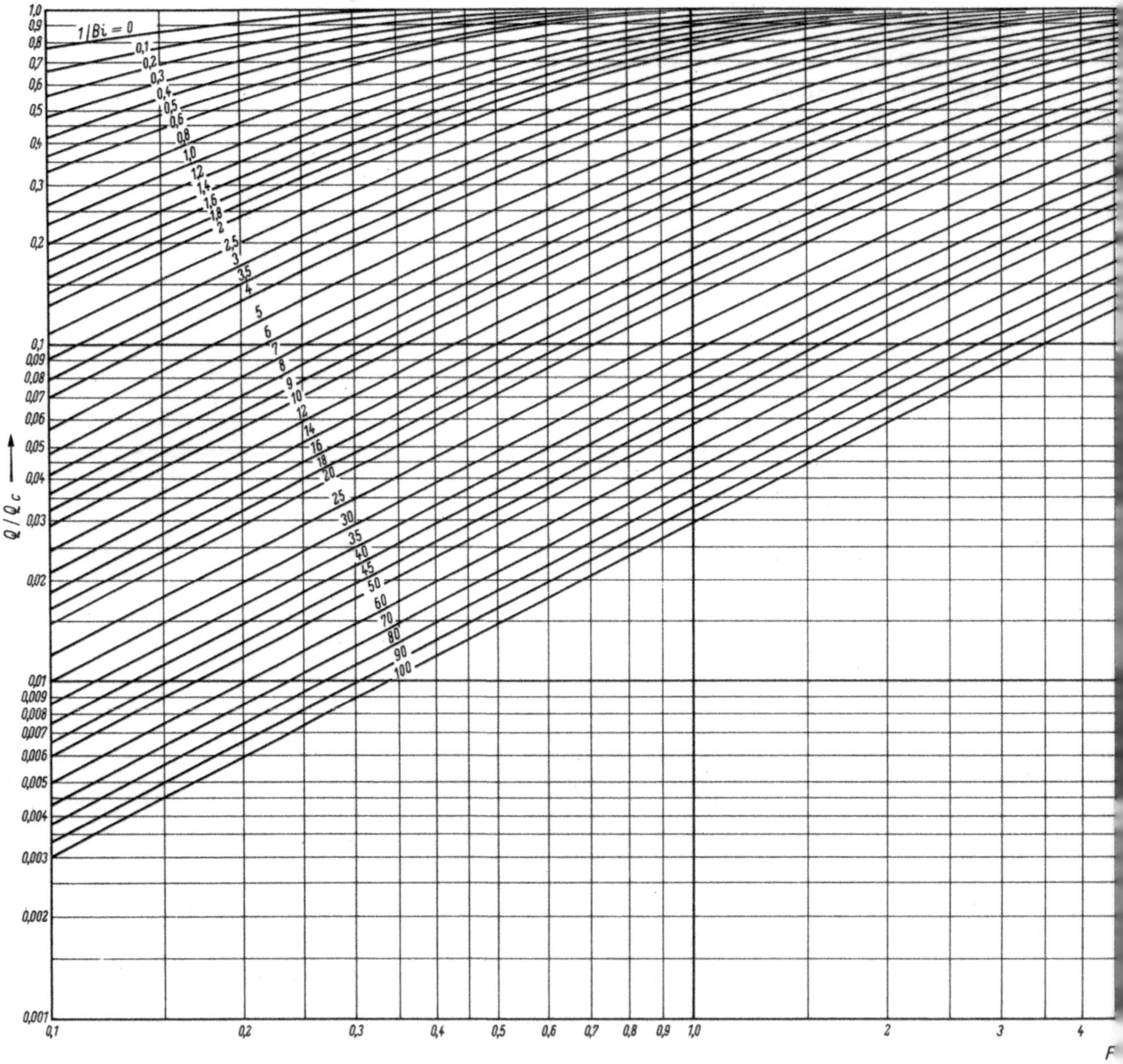

Grigull, Temperaturausgleich in einfachen Körpern

Tafel 9

Kugel, Wärmemenge

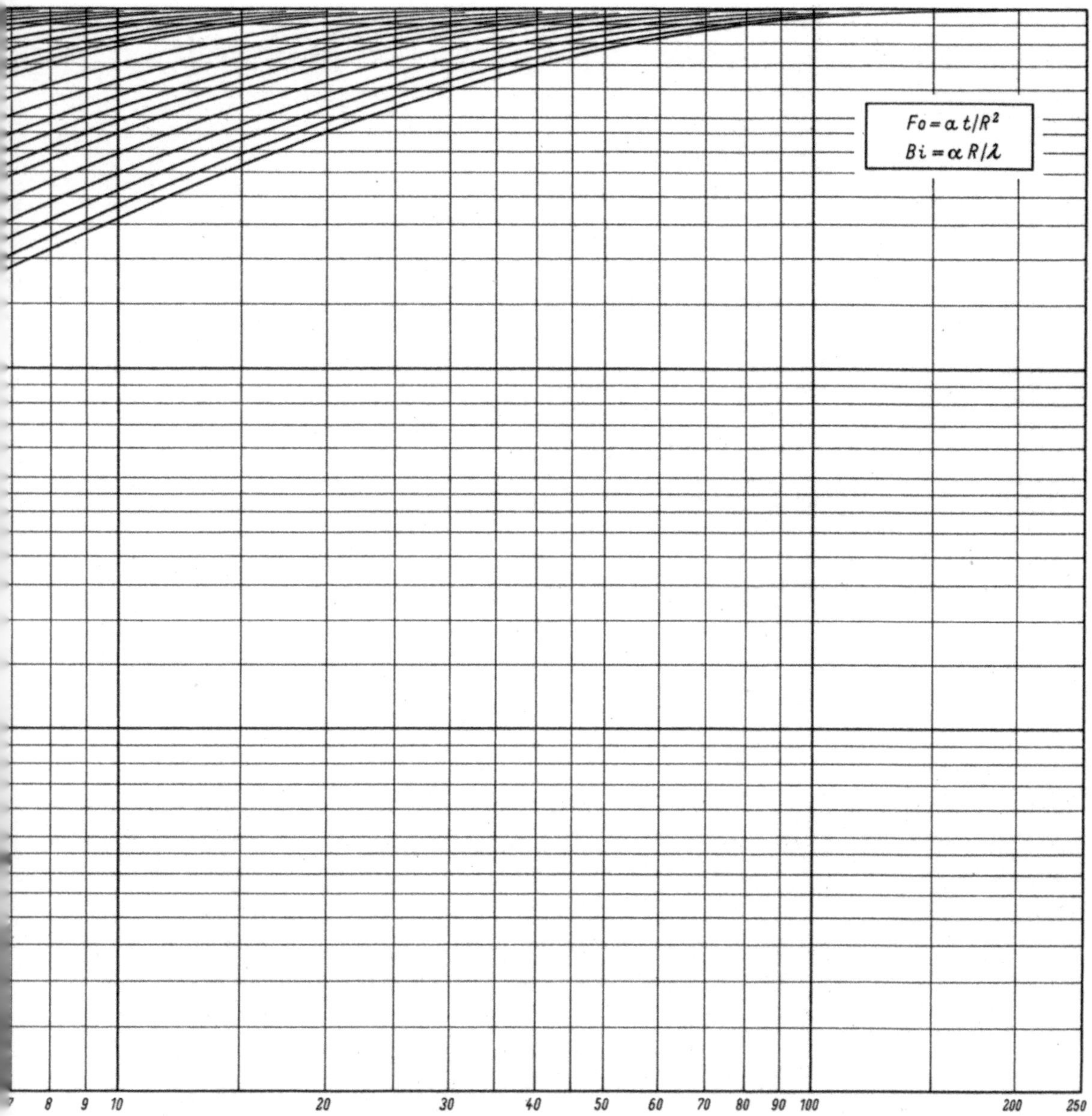

Tafel 10

Halbunendlicher Körper, Temperatur im Innern, Fo < 30

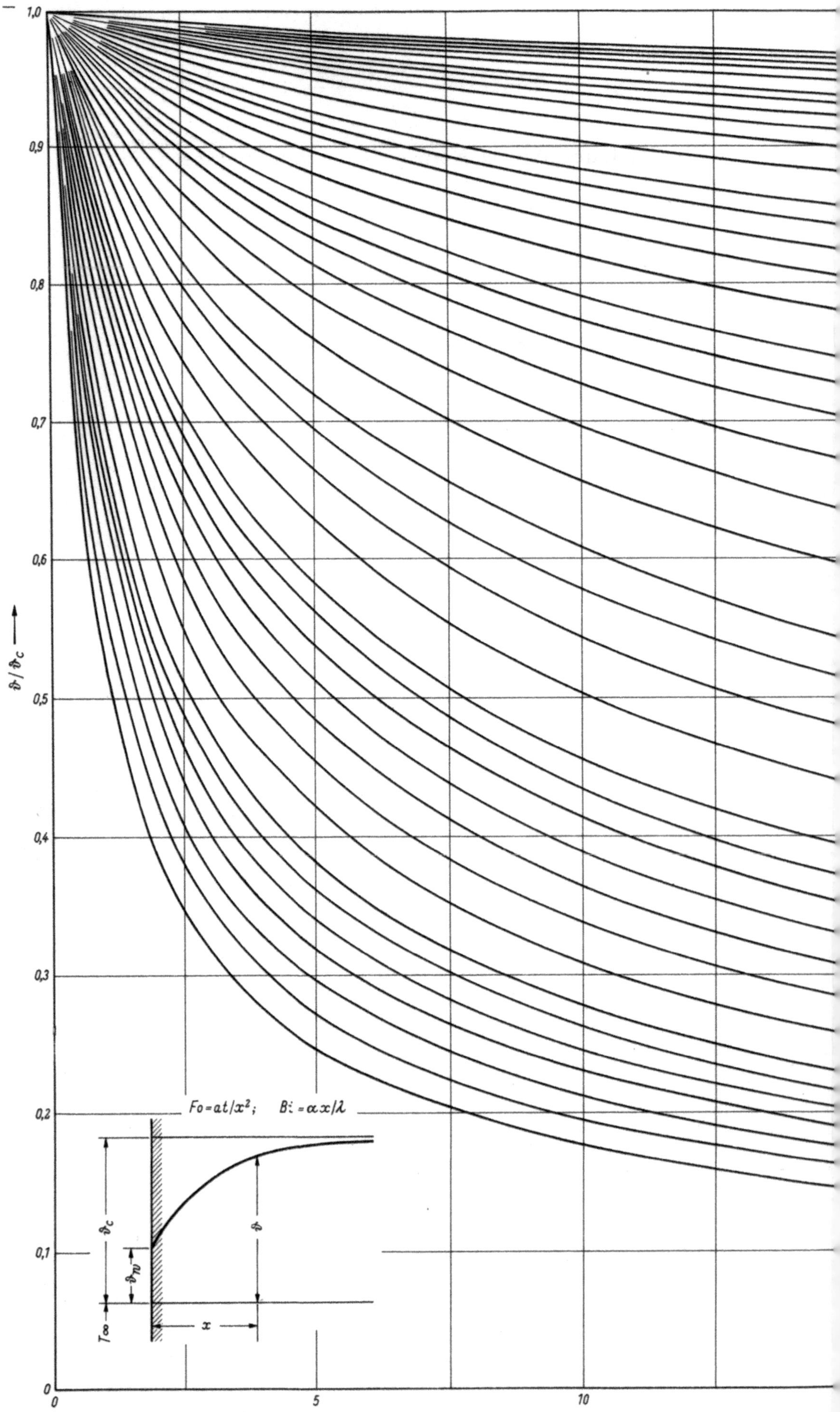
1,0
0,9
0,8
0,7
0,6
0,5
0,4
0,3
0,2
0,1
0
ϑ/ϑc
0
5
10
Fo = at/x²; Bi = αx/λ
ϑc
ϑw
ϑ
T∞
x

Halbunendlicher Körper, Temperatur im Innern, Fo < 30

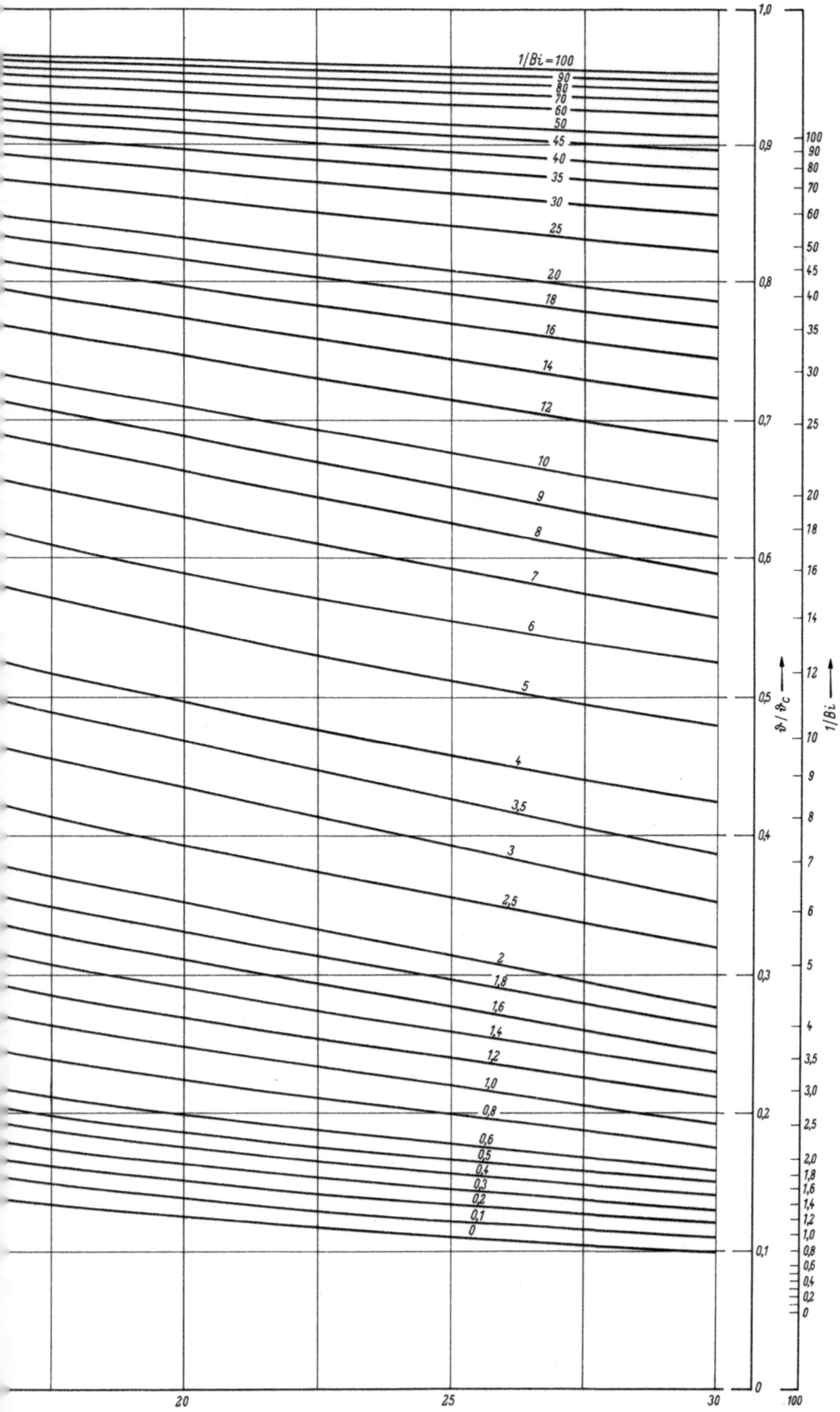

Tafel 11

Halbunendlicher Körper, Temperatur im Innern, Fo $< 0{,}3$

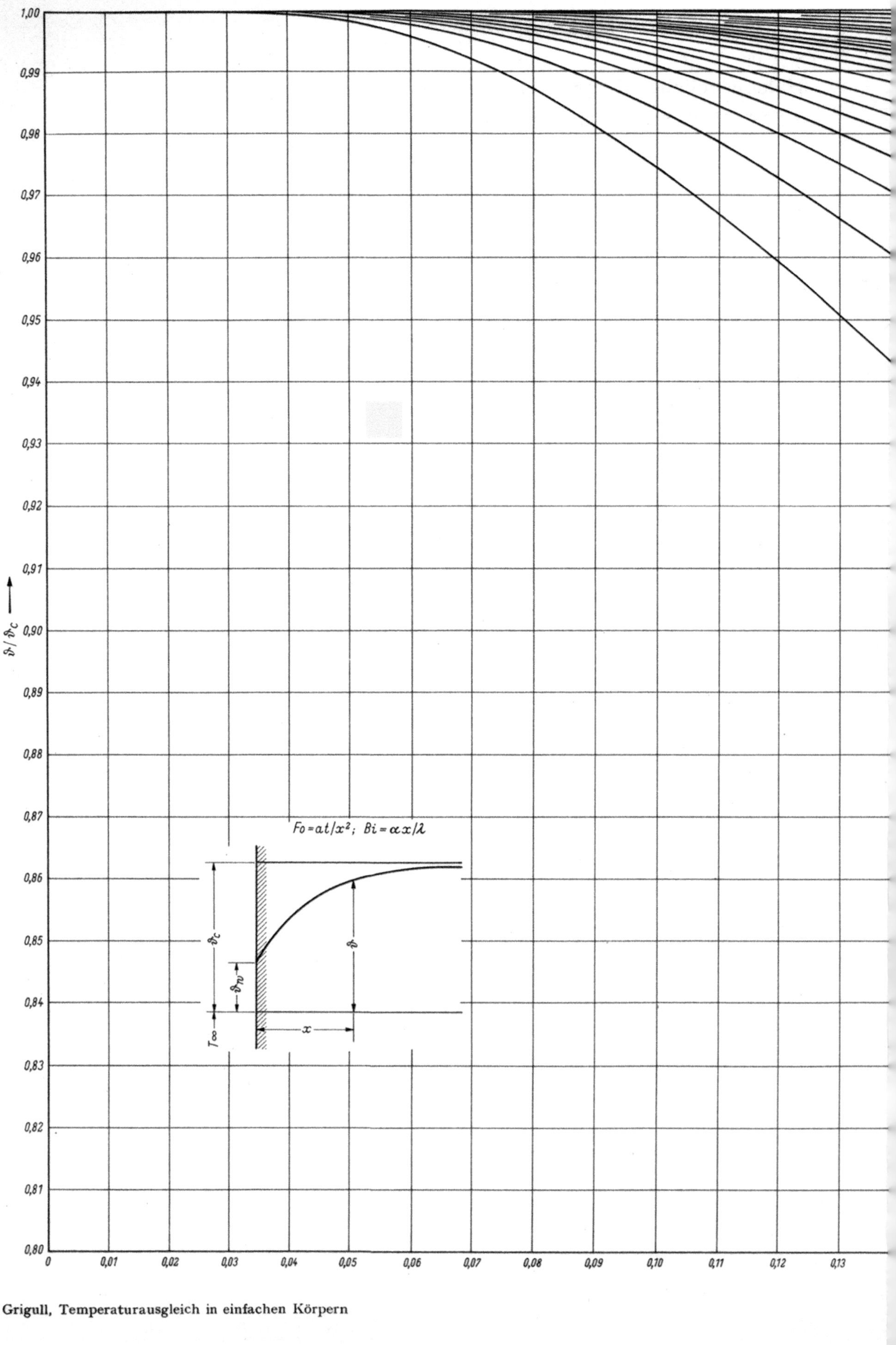

Grigull, Temperaturausgleich in einfachen Körpern

Halbunendlicher Körper, Temperatur im Innern, Fo < 0,3

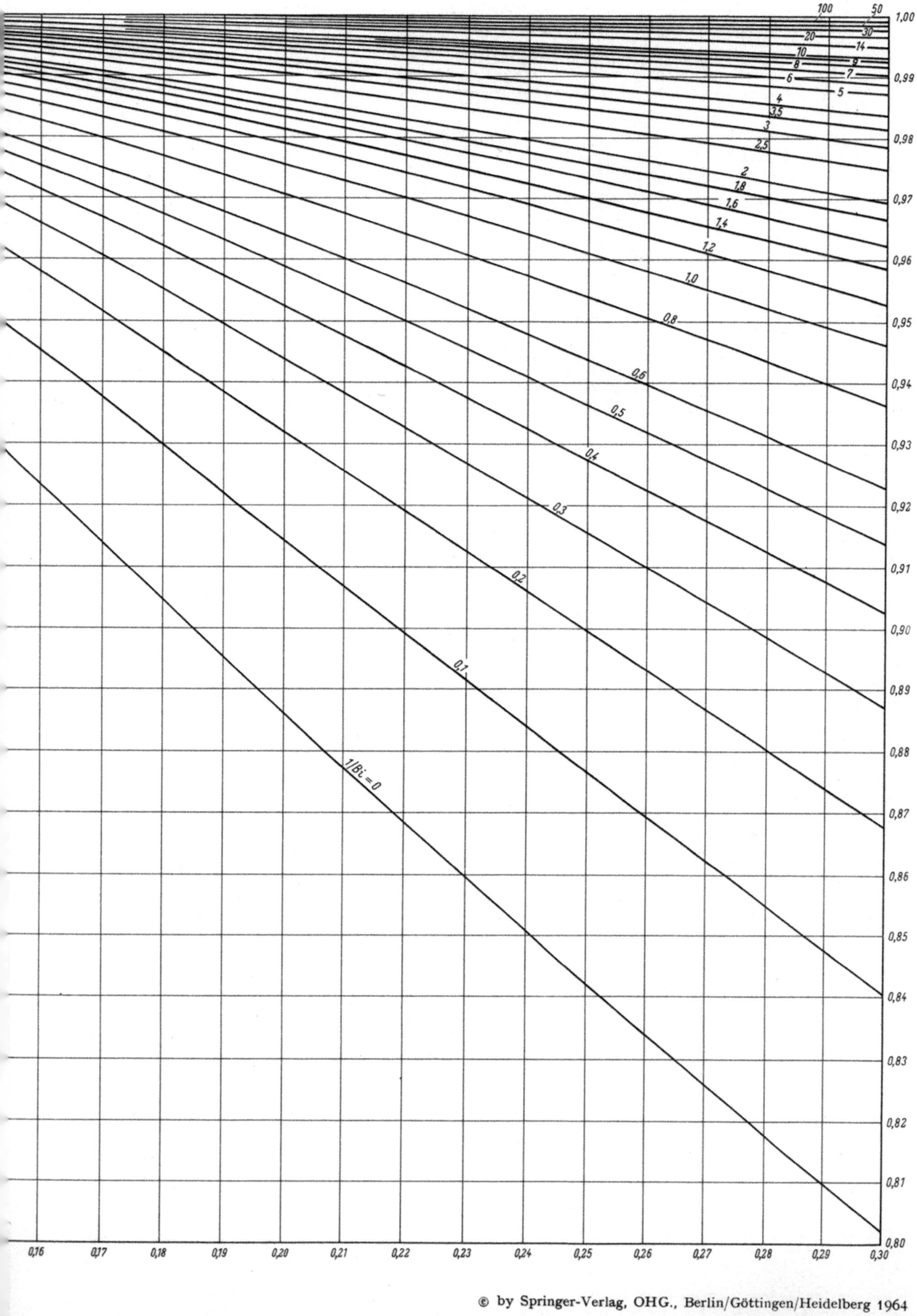

GPSR Compliance

The European Union's (EU) General Product Safety Regulation (GPSR) is a set of rules that requires consumer products to be safe and our obligations to ensure this.

If you have any concerns about our products, you can contact us on ProductSafety@springernature.com

In case Publisher is established outside the EU, the EU authorized representative is:

Springer Nature Customer Service Center GmbH
Europaplatz 3
69115 Heidelberg, Germany

Batch number: 10684218

Printed by Printforce, the Netherlands